中外社区灾害应急管理丛书

中国政法大学危机管理研究中心

丛书主编　李程伟

台湾社区
灾害应急管理

TAIWAN SHEQU

ZAIHAI YINGJI GUANLI

李晓伟　著

U0305861

中国社会出版社

国家一级出版社　全国百佳图书出版单位

总　序

李程伟

随着我国经济的不断发展和城市化进程的加快，广大城乡社区的面貌正在发生着深刻的变化。社区在社会建设和管理中的基础地位越来越重要，社区灾害与应急管理的变动性、复杂性和艰巨性越来越突出。鉴于我国社区建设起步较晚，广大城乡社区灾害应急管理的软硬件条件和基础相当薄弱，因此，尽快着手推进社区灾害应急管理能力建设，着力夯实全社会应急管理的基层基础，具有现实必要性和紧迫性。在这种情况下，中国政法大学危机管理研究中心与中国社会出版社密切合作，共同推出了这套中外社区灾害应急管理丛书。

应当说，人类生活的社区处于各类灾害直接冲击的前沿地带。加强社区灾害应急管理，增强社区抗击各类灾害的耐受力和可持续发展能力，历来为世界各个国家和地区所重视。其中，以美国、日本、欧洲和我国台湾地区为代表的社区灾害应急管理体系的建设，系统性强，机制有力，防救效能突出，典型案例较多，许多做法和经验值得我们学习和借鉴。这套丛书共计5本，分别对美国、英国、日本、台湾地区和中国大陆的社区灾害应急管理进行了介绍、分析和实证研究，内容涉及各自社区灾害应急管理的历史发展、制度体系、组织架构、运行机制、技术支撑、经验借鉴等内容，落脚点放在了对我国社区灾害应急管理的发展对策和参考借鉴方面。

从整体来看，这套丛书对社区灾害应急管理案例国家和地区的选择具有代表性，对其社区灾害应急管理内容的描述与分析比较系统完整，针对我国大陆所提出的对策建议具有一定的前瞻性和现实操作性。丛书对相关案例国家和地区之社区灾害应急管理自治章程、契约和社区防灾或风险文化的介绍分析，对包含政府部门、社区组织、企业、非政府组织、应急救援志愿者队伍、社区居民等在内的多元主体行动网络的实证研究，对社区风险管理流程和社区灾害应

1

急管理参与机制及资源动员机制的描述和探讨，内容丰满，具体生动，给人留下了深刻的印象。

这套丛书是中国政法大学危机管理研究中心继 2009 年 8 卷本"公共危机管理研究丛书"之后，再次撰写的、在风险治理和应急管理领域具有一定新意的作品。它们立足于作者前期的相关研究，观点可靠，信息量大，可读性强，对于广大社区工作者、实务部门工作人员和相关领域的研究人员，具有重要的参考价值。这也再次说明，中国政法大学危机管理研究中心的研究人员面对转型期各类社会风险，是有学术担当的勇气和社会责任感的。这也是我们这个比较年轻和稚嫩的学术团队在风险治理与应急管理领域能够不断前进的宝贵动力。

愿这套丛书的出版能够对我国社区灾害管理与安全建设实践起到一定的推动作用！

目　　录

绪　　论

一、缘起

当今世界，由于极端气候出现频率增加而使各地天然灾害肆虐，伴随着全球化、城市化、信息化等时代特征而来的，除了各类事故灾难（即技术灾害）和公共卫生事件不断发生，且不同种类灾害之间相互关联和相互作用的趋势愈益明显之外，灾害对社会的冲击也愈益扩大，增加了社会脆弱度，也常导致复合性的灾害后果，传统的灾害认知与灾害防救观念已不足以有效应对未来的挑战。

在抵御各种灾害的艰苦实践中，人们逐渐认识到：由于灾害的复杂性、不确定性以及因区位不同而致灾的规模和强度不同等流变特征，常常使得政府防灾救灾规划及计划无法达成预期的效果。而作为一定地域范围的社会共同体，城乡社区是不同种类致灾因子直接作用的对象，往往成为复合性灾害的具体而直接的承载体，如能建构起健全的社区灾害应急管理体系和运转有效的社区灾害应急管理机制，使之弹性化地快速形成社区灾害防救能力，就可以起到防灾救灾基层网络的基础作用。

国际社会日益重视社区灾害防救能力的加强。联合国国际减灾战略机构（International Strategy of Disaster Reduction，UNISDR）的全球减灾机制致力于促进减灾意识的强化以建构有弹性的灾害社区。1994 年在日本横滨召开的第一次世界减灾大会提出了社区减灾的各项任务。1997 年联合国日内瓦战略明确 21 世纪全球减灾重点在社区。2005 年"联合国世界减灾峰会（WCDR）"发表《兵库宣言》和《2005-2015 年兵库行动纲领：加强国家和社区的救灾能力》，作为后续十年全球各国各地区灾害应急管理的行动纲领，其中一项重大决议是以社会风险认知及教育为基础，推动构建"自主性防灾社区"[①]。在这些理念的指导与

[①] 詹中原等：《政府危机管理》，台北：空中大学，2006 年版，第 55 页。

1

推动下，许多国家和地区的灾害管理重心逐渐下移，以社区为中心的灾害应急管理已经成为政府减灾的重点①。

历史灾难往往是以历史的进步为补偿的。社区灾害应急管理的实践和进步也往往是在灾多灾重并且比较发达的国家和地区率先取得的。

根据世界银行"全球风险分析"报告（2009），我国台湾地区可能是地球上遭受自然灾害而最为脆弱的地区（most vulnerable to natural hazards），约有73%的土地与人民暴露在3种或更多的天灾危险因子之下②，"几乎每年都受到台风、豪雨及地震等影响"③，加之工业化迅速、都市高度发展，加剧自然环境变迁，各种天然灾害与人为灾害不断，风灾、水灾、泥石流以及重大意外事件等，是台湾当局和民众每年都需面对的严峻考验。防灾、救灾工作已成为台湾当局最优先的施政项目。特别是"八八"水灾更促其改进灾害应急管理的方式方法，整个社会的防灾观念、救灾观念及行动都出现了极大转变，政府与民众高度重视灾害防救工作，"防灾优于救灾、离灾优于防灾"、"避灾是防灾的核心工作"等理念，均以社区为依归，渗入全社会，直到每一个家庭和个人。台湾社区灾害应急管理正在不断加强，逐步显示出其在灾害防救中所特有的功能和不可替代的强大作用。

那么，台湾地区的社区灾害应急管理究竟是如何起步的呢？灾害的不断暴发又是如何促使其不断改善社区灾害应急管理的体制机制，并进而推动着社区总体营造走向可持续发展的呢？在整个灾害防救体系中，社区灾害应急管理的制度体系和组织架构是怎样的？在社区灾害应急管理的运行机制中，各行动主体之间是如何实现资源互赖与分工合作的？对于台湾社区灾害应急管理的这些经验事实，如何进行剖析与陈述？

在这样的问题意识促动下，笔者开始就此研究专题进行深入探索，从对核心概念的理解与界定入手，通过分析台湾社区常见灾害及成因以及社区灾害应急管理的历史发展脉络，进一步探索台湾社区灾害应急管理的制度体系、组织

① 参见吕芳：《社区减灾：理论与实践》，北京：中国社会出版社，2011年版，第7页。

② Natural Disaster Hot Spots——A Global Risk Analysis by the World Bank，http://www.mightystudents.com/essay/Natural.Disaster.Hot.39711.

③ 林俊全：《台湾的天然灾害》，台北：远足文化事业股份有限公司，2004年版，第30页。

架构、运行机制和技术支撑等核心问题，并以其经验事实和典型案例为支撑材料，尝试作出了一些启示性展望式的结论，期能引起学界和实务部门对此主题的关注。

笔者认为，对一个特定主题进行全景式的研究，具有重大的应用价值和现实意义，主要体现在以下两个方面：

第一，大陆学者可因此而对台湾社区灾害应急管理获得初步的掌握和理解，并可在此基础上展开深入的比较研究和相互借鉴，以进一步拓展大陆灾害学和社区管理学的研究视域。

第二，大陆与台湾同处全球气候变迁的大环境中，近年来亦是频频遭灾，虽然政府救灾效率令世人瞩目，但全社会防灾减灾避灾的意识和效能，尚未适应快速推进的工业化、城市化所带来的"风险社会"的现实状况，在社区灾害应急管理方面相对薄弱，亟待加强。而与祖国大陆隔海相望的台湾，无论是地质、地形还是气候、物产等自然状况，与东南沿海地区颇多相似之处，尤其是与福建，"几乎是大自然按照同一设计图的复制品"[①]，经受着大自然一般无二的风雨洗礼。相似的地情，相似的灾情，只不过是工业化、城市化较早的台湾，社区发展的历史也较早，发育程度较高，在长年累月地抵御灾害中，为社区灾害应急管理准备了较好的组织资源、人力、技术等社会条件，或许能为祖国大陆的社区灾害应急管理提供某些经验借鉴。

二、特点

本书研究主题——台湾社区灾害应急管理，是对台湾地域内的社区灾害应急管理的研究与探讨，有其特殊性。

本身社区灾害应急管理就不同于一般范畴中的灾害管理，主要表现在：社区灾害应急管理的成效不仅受宏观层面的灾害管理体制机制的影响，还深深地打上社区的烙印，社区成员的共同体意识和健全的社区组织、资源网络等社区要素，是社区灾害应急管理功能得以充分展现的前提。因此，有关社区灾害应急管理的法律、规章与政策，就不仅包括宏观层面灾害管理的相关规定，还包括社区自治管理的章程、契约、规则，以及社区灾害意识和风险文化等多方面

---

① 谢必震：《台湾历史与文化》，北京：海洋出版社，2009 年版，第 3 页。

内容；而社区灾害应急管理的组织架构，既是宏观灾害管理权力结构中的一个重要组成部分，又与社区已有的组织网络密不可分；在社区灾害应急管理的运行机制上，除了做好一般意义上的灾害应急管理各阶段工作外，还需着力培育社区意识，调动起各方面资源，建构宽泛而有效的横向运行机制，并长期进行社区重建，确保社区的可持续发展。

就社区灾害应急管理的特定地域看，台湾社区灾害应急管理呈现出不同于其他地区的特点，其中最显著的，一是表现出从"由上而下"的推动方式，逐渐转变为"由下而上"的发展脉络；二是具有浓厚的营造色彩。究其原因，自然是与台湾整个的灾害应急管理体系，以及蓬勃兴起于 20 世纪 90 年代的社区总体营造运动密切相关。其背后的深层次原因，则在于台湾地区公共行政管理体制的变革和整个社会灾害意识的转变。

台湾岛内关于社区灾害应急管理的研究，更多探讨的是社区防救灾体系，认为其内涵应包括灾害应急管理政策目标的制定、灾害防救法律的授权、灾害防救行政组织的建制、灾害防救业务的界定、灾害防救过程的设计以及灾害相关研究的发展等多个项目[①]，较偏重于静态层面的研究。本书研究将台湾社区灾害应急管理置于其社区防救灾体系之中，在对其制度体系进行静态梳理的基础上，注重于组织架构、行动主体、运行机制等动态层面的描述。故此，本书研究具有鲜明的地域性与动态性特点。

三、方法

就资料搜集与处理的程序而言，本书研究主要运用了文献分析法和表格分析法。其中，搜集文献的方法包括：

1. 搜集同一研究领域的学术专著、硕博论文及调研报告，加以比较、分析与整理，以做参考。

2. 从已搜集到的论著中，根据其参考文献和引文，进一步追溯与研究主题相关的资料，以拓展研究。

3. 利用台湾地区有关灾害应急管理的行政部门官方网站，以及前述论著中

---

① 参见马士元：《整合性灾害防救体系架构之探讨》，台北：台湾大学建筑与城乡研究所博士论文，2002 年，第 143 页。

的附录内容，尽可能地搜集与本研究主题相关的法规政策与灾害事件及各类数据，作为本书研究的直接资料。

尽管受研究条件的限制，无法进行实地调研以获取第一手资料，但是通过对相关法令规章、调研成果与资料报道的整理和甄选，并将散落在相关论著中的次级资料辑录到本研究主题之下，还是得到了比较丰富的资料支撑，并在此基础上做进一步深入的探索。

为了能更直观地表现相关研究内容，本书在文献分析基础上采用了表格分析法，将零散的资料搜集起来，分类整理到表格之中，用简洁的方式涵括丰富的内容，也便于读者查阅与阅读，力求体现利用表格进行归纳的研究特色。

此外，本书还采用了历史研究法、比较研究法和归纳研究法等研究方法。

历史研究法的运用主要体现在对台湾社区灾害应急管理的研究沿革、台湾曾遭遇过的重大灾害事件以及台湾社区灾害应急管理的历史发展脉络等方面的梳理工作中。

比较研究法主要体现在对台湾社区灾害应急管理在不同历史时期和不同地域间的差异进行归纳，通过对不同的法规依据、价值理念和典型个案等方面的分析，将丰富的经验事实提升到理论的层面。

归纳法则主要体现在分析比对与结论推导上。本研究借助各项数据资料与典型案例，由交叉对比的方式进行问题验证，运用归纳法综观台湾社区灾害应急管理的实践问题，以提出有关台湾社区灾害应急管理的经验启示与借鉴。

四、框架结构

本书在学习和借鉴已有研究成果基础上，将台湾社区灾害应急管理视为台湾防救灾体系的重要组成部分，是台湾民众在长期的社区发展和社区总体营造运动中公民性的塑造与培育的体现，同时结合灾害应急管理的相关观点，用5个章节的篇幅，探析了台湾社区灾害应急管理的历史发展、制度体系、组织架构和运行机制等实践问题。具体内容如下：

绪论，首先介绍本书研究背景、问题意识与应用价值等方面内容，接着概述本书研究特点、研究方法与框架结构，以帮助读者理清本书的脉络线索。

第一章，台湾社区常见灾害及成因。从剖析"社区"和"灾害"这两个基本概念入手，根据本研究主题的需要，作出较为明晰的界定，阐明合乎台湾社会文化诠释的观点，并回顾分析台湾社区曾经遭遇过的重大灾害事件及其成因，以利于主题研究的展开。

第二章，台湾社区灾害应急管理的历史发展。主要对台湾社区灾害应急管理的历史发展阶段进行界定和分期，以灾害应急管理的代表性法规与社区发展历史为线索，划分为 5 个时期：萌芽时期、开始形成时期、初步形成时期、推动发展时期以及重大调整与继续检验时期。并对不同历史时期社区灾害应急管理的形成脉络、基本内容、价值理念等进行描述和分析，以求对台湾社区灾害应急管理建立起全貌的认识。

第三章，台湾社区灾害应急管理的制度体系。在概述台湾现行灾害应急管理的制度体系基础上，着重于对台湾社区灾害应急管理的相关法律规章与政策，以及社区自治管理的章程与规则进行文本研究，并从政府、社区、学校等多层面对台湾社区灾害防救文化建设作出描述与分析。

第四章，台湾社区灾害应急管理的组织架构。主要对台湾社区灾害应急管理现行的权力结构和组织网络进行实证研究，对包括社区居民、社区组织、政府部门、专业团队、企业以及民间紧急救援组织和其他非政府组织等在内的行动主体之间的资源依赖和合作关系等进行分析与探讨。

第五章，台湾社区灾害应急管理的运行机制。以台湾岛内关于社区灾害应急管理阶段划分的各学说为借鉴，结合台湾实践的经验事实，将台湾社区灾害应急管理运行机制纵向流程上的实务操作分为平时预防、灾前准备、灾时应变、灾后安置与灾后重建等 5 个相互衔接、相互影响且循环递进的行动环节，从社区灾害应急管理的参与机制、资源动员机制、能力建设机制、信息沟通机制等方面分析其横向运行机制，并对其在灾害避险场所建设、疏散路线设定与管理、预警和查报信息手段使用以及应急物资储备等技术方面的先进经验进行总结与分析。

结语，基于以上条分缕析的文本分析与实证研究，归纳台湾社区灾害应急管理的经验，并结合祖国大陆地区社区灾害应急管理的困境，提出可资借鉴之处，且展望其发展前景。

第一章　台湾社区常见灾害及成因分析

在进行台湾社区灾害应急管理的探讨之前，首先必须结合台湾实际，厘清"社区"于空间、文化之中所涉及的意涵，并需对台湾社区常见灾害进行分析，以为全书研究主题——台湾社区灾害应急管理，作出较为明晰的界定，使本研究能有具体指向而更为扎实。因此本章将就台湾岛内关于"社区"与"灾害"的认识与理解、台湾社区常见灾害与重大灾害事件及其成因进行分析。

作为对台湾社区灾害应急管理的专门研究，关于"社区"与"灾害"的理解自然是以台湾当地的认识和界定最符合台湾实际，又由于台湾学术界与实务界对美日经验均有颇多借鉴，因此本研究对主题内所关涉的两个基本概念——社区和灾害的解析，以台湾岛内的定义和分类为主。

一、台湾岛内关于"社区"的认识与理解

对中国人来说，社区（community）是个舶来词。同大陆范围内关于"社区"的认识一样，在台湾，社区亦"原是社会学上的一个专有名词，后来也被用于行政事务上以及日常生活的言谈之中"，比如在 20 世纪 70 年代台湾地区政府机构推行基层建设时，"就把其中的一些工作称为社区建设或社区发展，甚至有人把基层社区建设简称为'社区'，自此大家对'社区'一词逐渐熟悉起来。虽然至今不少人对社区的真义仍不十分了解，但已不再非常陌生。"[①]

关于这一人们日常生活中的惯用语辞，台湾社会学界的各派各家对社区的说法不尽相同，以至于谈到"社区"一词时，虽然容易联想到"共同的生活空间、意识、情感、血缘、认同、组织、权力"等概念，却又"欠缺一个明确的

[①] 蔡宏进：《社区原理》，台北：三民书局，2005 年版，第 5 页。

标准，可以清楚地划分出社区的范围。"①

以原著阅读和检阅后续研究者引用文献频次的方式，本书作者发现台湾地域内研究社区问题较早并常被引用的专著是《社区与社区发展》（徐震著，1980年初版，2004年二版）、《社区原理》（蔡宏进著，1985年初版，2005年修订三版），此外还有《社区工作——理论与实务》（苏景辉著，1996年初版，2005年二版）等专著，不一而足。关于社区的含义、性质、功能、范围、分类等问题，众说纷纭，莫衷一是。具体来看：

（一）社区的含义、要素及分类

对于"社区"的意涵，通常会依不同学科观点或不同的研究用途而有不同的定义。此外，分析其要素构成和不同类别也是理解其含义的重要途径。

徐震认为"社区"一词的语意有普通用语与学术用语之分，从社区本身的变迁情形及研究社区的历史演进来看，主要有三个层次的基本概念：（1）地理与结构的概念，侧重地理的、结构的、空间的与有形的因素。在此概念上，社区疆界可以按组织结构与服务体系，及居民一体的关系加以区分，如村落、村镇、市镇、城市等；（2）心理与互动的概念，侧重心理的、过程的、互动的与无形的因素，往往借助社区中的心理互动与利益关系，界定出居民对于社区心理层面上的认知，一般又称精神社区或利益社区；（3）社会与行动的概念，侧重社会的、组织的、行动的与发展的因素，是指具有社区组织与发展计划的社区，专指地方性社区（local community）、目标社区（target community）等。在社会工作中必须将三者合并考虑，以地理社区的概念为基础、以行动社区的概念为方法、以心理社区的概念为目的，亦即指在一个漫无组织的地理社区内，运用社区行动的方法，以求社区意识的成长，并以行动社区为依归。这样一来，社区语意将更为明确具体，而对于工作社区的划定范围也更有依据、更为切实。

徐震从行动的综合的角度界定"社区"的概念，指出"社区是居住于某一地理区域，具有共同关系，社会互动及服务体系的一个人群"②，他们（1）住在相当邻接的地区，彼此常有往还；（2）具有若干共同的利益，彼此需要支援；（3）具有

① 康良宇：《专业团队协助推动防灾社区之研究》，台北：台湾铭传大学媒体空间设计研究所硕士论文，2005年，第9页。

② 徐震：《社区与社区发展》，台北县：正中书局股份有限公司，2004年版，第35页。

若干共同的服务，如交通、学校、市场等；（4）面临若干共同的问题，如经济的、卫生的、教育的等；（5）产生若干共同的需要，如生活的、心理的、社会的等。具备这些或其中一部分条件或其潜力的一个人群，即可称之为一个社区。上述内涵又可分为五项要素——居民、地区、共同的关系、社区的组织和社区的意识①。

其后，蔡宏进扼要概括社区的含义为"一定地理区域内的人及其社会性活动及现象的总称"。指出"这种社区的概念至少包括三个要素：（1）一群人，（2）一定的地理范围，（3）人的社会性，包括其社会意识、关系及活动的总称"②，并认定社区是包括人口、地域及社会关系的社会实体，是一种社会组织单位，是一个心理文化单位。而一个社区就是一个社会体系，"具有社会的大部分特性"③。

曾华源（1986）则强调社区的三个必要条件是归属感、共同目的和共同处境④。林振春（1993）认为，社区的概念可以由不同的地理规模（市、镇、村、里）、具心理互动的组织（如宗教社区、学术社区）以及包含的社会系统（发展协会、学校、医院）三者做出概念的厘清。而萧绵绵（1997）则强调"community"的概念，应以社群、共同的翻译方式较为妥当。陈其南（1992）提出"community"除了具地缘性的社区之外，当然也包含非地域性的社区，如专业社团、专业社群、市民团体等⑤。

詹秀员（2002）指出：所谓社区者，除在"地理区域或结构空间"方面，要有地缘关系外，居民们在"行动及心理层面"上，亦要有相互归属的情感共识及实际参与社区公共事务的行动；除此之外，更重要的是，还要有一个普遍获得多数居民认同与支持、能为居民提供各类社区服务的合法"邻里组织"，以作为统筹规划居民共同行动、信息交流、联结社会关系及资源网络的领导

---

① 参见徐震：《社区与社区发展》，台北县：正中书局股份有限公司，2004年版，第23～38页。

② 蔡宏进：《社区原理》，台北：三民书局，2005年版，第5页。

③ 蔡宏进：《社区原理》，台北：三民书局，2005年版，第3页。

④ 参见詹秀员：《社区权力结构与社区发展功能》，台北：洪叶文化事业有限公司，2002年版，第26页。

⑤ 参见康良宇：《专业团队协助推动防灾社区之研究》，台北：台湾铭传大学媒体空间设计研究所硕士论文，2005年，第9页。

核心[①]。

李宗勋援引黄锦堂（1996）的观点：英文中的"community"可分为两部分：一为 com，代表"共同、一起"之意；一为"mune"，代表"互相、彼此、沟通以及来往"之意。指出"实际上 community 一词并不仅仅代表着中文的社区，更可代表一种'共同体'之意。也因此，社区有两种主要的意涵，一为'地理性的社区'；另一则为'关系性的社区'"[②]，并将台湾的社区分为都会型、城乡型、乡村型[③]。

苏景辉从社区工作的角度，指出社区有两个基本意涵，其一指地理区域，其二指一群具有共同性质的人群，又称共同体。人群社区又包括两大类，其一是地理社区（geographic community），其二是功能社区（functional community）或旨趣社区（community of interest）。地理社区是指在某一特定地理区域范围内的所有人，功能社区则是指遭遇共同问题、追求共同利益或具共同背景、特征、旨趣或次文化的人。地理社区又可细分为邻里型社区——由一两个村、里所组成的社区，日常生活圈型社区，乡镇型社区和区域型社区等几个类型。此外，社区还可依是否组织化，区分为已组织的社区与未组织的社区两大类。

康良宇认为社区的分类大致分为传统上与应用上两种形态。从传统分类看，可分为乡村社区与都市社区两种。在应用上，社区的分类大致为地方社区和区域社区两种：地方社区是一种具有地方性的小社区，与区域性的大社区相对而言，地方性社区的居民，彼此间已经有相当接近的社会文化意识，以及解决共同问题的集体目标。区域社区是指具有同质的地理环境，相似的社会文化及共同利害关系的大社区，在地理范围上较为广泛，有时为一个都会区、甚至数州的范围[④]。这与苏景辉界定的区域型社区"是指一个县市范围之内的临近数乡镇所构成的社区"[⑤]有些类似。

---

① 参见詹秀员：《社区权力结构与社区发展功能》，台北：洪叶文化事业有限公司，2002 年版，第 27～28 页。

② 李宗勋：《网络社会与安全治理》，台北：元照出版有限公司，2008 年版，第 236 页。

③ 李宗勋：《网络社会与安全治理》，台北：元照出版有限公司，2008 年版，第 159 页。

④ 参见康良宇：《专业团队协助推动防灾社区之研究》，台北：台湾铭传大学媒体空间设计研究所硕士论文，2005 年，第 10 页。

⑤ 苏景辉：《社区工作——理论与实务》，台北：巨流图书有限公司，2005 年版，第 55 页。

蔡宏进则根据社区的规模大小、行政系统、主要功能、区位结构、发展程度等标准对乡村社区和都市社区进行了更为细致的分类①。

至于台湾政府及民间组织对于社区的界定，是依据"内政部社会司"颁布的"社区发展工作纲要"（1999）第 2 条规定："本纲要所称社区，系指经乡（镇、市、区）社区发展主管机关划定，供为依法设立社区发展协会，推动社区发展工作之组织与活动区域。"②依此界定，社区界限与村里行政区域在地缘空间、资源网络及人际互动上难免重叠。这显然与 2004 年 2 月 4 日，"行政院"通过的"社区营造条例"（草案）有关社区界定不同，其第 2 条称："本条例所称社区，指直辖市、县（市）行政区内，就特定公共议题，并依一定程序确认，经由居民共识所认定之空间及社群范围"③。

（二）社区的功能

社区是仅次于家庭以外的社会基层组织，"一方面介于个人与群体，一方面介于家庭与国家之间（蔡汉贤，1986）"④，具有全面而独特的功能。

徐震将社区的功能分为一般功能与特别功能两项。一般功能为一般自然社区所应有的各种功能，包括经济功能、政治功能、教育功能、卫生功能、社会功能、娱乐功能、宗教功能、福利功能等八个方面。社区的特别功能是指地方社区最直接的与最基本的重要功能，有四项——社会化、社区控制、社会参与、社区互助。并且各种社区功能有日渐改变之势。由于工业化与都市化的影响，社区的服务界圈（service areas）日益混乱，社区的一般功能未必俱全，比如专业社区的形成，像台湾的蔬菜专业区、水果专业区、工业专业区，"使社区的功能，各司其事，于是乃形成社区的生产与消费均透过大社区的体系而交换"，"又以工业化与都市化的结果，使社区中'社会化'与'社会控制'的功能，日渐减弱，而'社会参与'与'社会互助'的功能，亦亟须加强。"⑤

---

① 参见蔡宏进：《社区原理》，台北：三民书局，2005 年版，第 18～23 页。

② 蔡宏进：《社区原理》附录一，台北：三民书局，2005 年版，第 383 页。

③ 杨孝濚：《社区营造条例、社区法与社区发展实质运作》，台北：社区发展季刊第 107 期，2004 年 9 月。

④ 詹秀员：《社区权力结构与社区发展功能》，台北：洪叶文化事业有限公司，2002 年版，第 28 页。

⑤ 徐震：《社区与社区发展》，台北县：正中书局股份有限公司，2004 年版，第 45 页。

詹秀员指出：若就社区工具性概念而言，社区功能的界定以美国学者Warren（1972）所提的五大功能，较受各国社区发展学者专家所广泛认同：（1）经济及生产功能，如各种经济生产、运销以及消费活动等；（2）政治及治安功能，如各种社区自治组织的成立运作、治安维持和守望相助等；（3）教育及社会化功能，如知识教育、技艺传授和文化传承等；（4）社会及服务功能，如宗教聚会和情感支持及社会福利服务等；（5）参与与投入功能，如节庆、社团活动、重大公共事务参与及投入志愿服务等。此界定明确阐述，社区如欲达到或成为一个可自给自足或独立生存的系统、或可满足其成员日常生活物资及精神需要，即需具有上述经济、政治、社会、教育和文化价值等基本组成架构和运作功能[①]。

（三）社区的范围

社区功能的发挥与社区的范围密切相关。区域范围过小，资源不足或不完整，难以满足居民实际生活需要的问题；但若社区范围过大，虽然各类资源可能因而更丰富多样，但亦可能连带影响到服务输送的可近性及资源使用的便利性，同时，居民间的意见或情感共识也易因距离拉长而较难凝聚、整合，都难免会影响社区功能的发挥。

一般认为，社区的范围可大可小，小而至邻里、村镇，大而至于国家、全世界。从最小的聚落社区到最大的国际性社区之间，社区的类别可依次分为村（village）、市镇（town）、城市（city）、都会（metropolitan）及国家（nation）等，"其中除国家社区较少用外，其余都常被使用"[②]。蔡宏进认为应当把社区"看为社会之下，团体及结社之上的社会组织或社会实体。其间包括的人数及地理范围的差距都很大"[③]，并以台湾为例，指出：台湾都市人口虽已超过总人口的半数，但乡村社区的数目远比都市社区多，"前者指包括乡镇街及其所属的村里社区，为数约有六千余个，后者指各大小都市，总数只有三十余个。"[④]

徐震认为社区"无地域大小或人口多寡的观念"[⑤]，其可大可小，是由于"行

---

① 参见詹秀员：《社区权力结构与社区发展功能》，台北：洪叶文化事业有限公司，2002年版，第28～29页。

② 蔡宏进：《社区原理》，台北：三民书局，2005年版，第5页。

③ 蔡宏进：《社区原理》，台北：三民书局，2005年版，第6页。

④ 蔡宏进：《社区原理》，台北：三民书局，2005年版，第310页。

⑤ 徐震：《社区与社区发展》，台北县：正中书局股份有限公司，2004年版，第36页。

动概念"与"地理概念"及"心理概念"结合一起的结果。以行动概念与地理关系的结合为例，当以改善某一地区的环境卫生为行动目标时，所划定的社区及动员的居民可以一个邻里或几个邻近的邻里为范围，此时所指社区自然很小；若以防范洪水为工作目标，则社区必然因地理自然环境的关系而划定。因此，在实际划定的过程中，社区的范围"常按工作计划的目标与内容的关系以为定"①。

在社区研究及社区工作上，认为村落太小，社区的功能不全；都会太大，则集体的行动不易，故往往以"一个或几个里邻，一个市镇、市镇或城市中的一个自然区域（natural area）"②为范围。苏景辉（1995）以推动"社区照顾"的观点来论社区的大小，认为社区的范围，小到村里，大则最多至市、镇级都会中的区（district）一级，再大则失其意义。施教裕（1999）则以社区的工具性概念和基本功能观点，认为社区是一个生命体或社会系统，也就是可以满足当地居民日常生活需要的所谓"生命共同体"，故其主要考量基准，乃在于社区是否能自给自足、满足居民日常生活之所需，而不在于是否具有多大幅员范围与人口数量③。

1996年台湾"推动社会福利社区化专案小组"选定福利社区化的"社区"的共识是，社区划定应力求整体发展，宜以"生活共同圈"为范围，并考量福利资源的完整性，而不限于乡（镇、市、区）公所划定的社区，且社区须具连续性福利功能，才能认定为"福利社区"，亦可联合数个社区一起推动"福利社区化"方案。

詹秀员综合各家学说，认为社区的划分，除应考量"地理区域"等空间结构因素外，须同时考量到社区居民日常生活所需福利资源的完整性、服务输送的便利性以及凝聚居民情感共识的地缘性等因素，最重要的是要兼顾到社区居民间的"共同意识"、"关系网络"、"资源网络"等内涵的充实性。亦即无论社区地域范围大或小，只要能独立满足该区居民"从出生到终老"一切日常生活

---

① 徐震：《社区与社区发展》，台北县：正中书局股份有限公司，2004年版，第32页。

② 徐震：《社区与社区发展》，台北县：正中书局股份有限公司，2004年版，第32页。

③ 参见詹秀员：《社区权力结构与社区发展功能》，台北：洪叶文化事业有限公司，2002年版，第29～30页。

（如食衣住行育乐医药等）所需，并能为社区中的特殊人口群（包括单亲家庭的妇女儿童、身心障碍者、独居老人及慢性病患者等）提供必要的福利服务者，均可视为理想的社区范畴。"界定社区范围之基准，实不应僵着、局限在地理或行政区域之固定范畴，而是要以全面性角度，考量到居民日常生活所需、服务方案计划内涵以及所需具备福利或服务资源之均衡性与完整性等条件，来做弹性之规划。"①

而就实际的行政管理工作来看，台湾地方政府对于社区范围的划定，是依据"社区发展工作纲要"第 5 条第 1 项规定：乡（镇、市、区）主管机关"得视实际需要，于该乡（镇、市、区）内划定数个社区区域"②。

这就使得在社区工作实务上，一般行政人员或社区工作者对于社区范畴的界定，往往偏重于地理区位或行政区域的层面。虽然同法条第 2 项也规定社区的划定，应"以历史关系、文化背景、地缘形势、人口分布、生态特性、资源状况、住宅型态、农、渔、工、矿、商业之发展及居民之意向、兴趣及共同需求等因素为依据"③，但囿于既定行政区域的划分，目前台湾社区范围仍由各乡（镇、市、区）公所依村（里）行政区域来划定。"一般的情形是一个村里社区都是一个显明的聚落区。但因在行政体制下有将一个大聚落区划成两个村里者，故也随之被认定为两个社区，另也有合并两个以上较小的聚落成一个村里或一个社区者。大聚落被分成两个以上村里社区的情形较常见于本省的西部平原地带，而合并数个小聚落成一社区的情形以山区散村地带较为常见。"④在市郊及都市地区，则以一个具备相当规模的住宅区或多个自然结合的邻里划分为一个社区（萧立煌，1999）⑤。

（四）台湾的社区发展与社区总体营造

社区生活是一种共有、共享、共治的生活。社区居民由于共同的利益、共

---

① 詹秀员：《社区权力结构与社区发展功能》，台北：洪叶文化事业有限公司，2002 年版，第 30 页。

② 蔡宏进：《社区原理》附录一，台北：三民书局，2005 年版，第 383 页。

③ 蔡宏进：《社区原理》附录一，台北：三民书局，2005 年版，第 383 页。

④ 蔡宏进：《社区原理》，台北：三民书局，2005 年版，第 19 页。

⑤ 参见詹秀员：《社区权力结构与社区发展功能》，台北：洪叶文化事业有限公司，2002 年版，第 31 页。

同的问题、共同的需要，而产生一种共同的社区意识。为了达成其共同目标，社区必须组织起来，互助合作，采取集体行动，以求共同发展。有了健全的社区组织，人们才能通过聚居、合作、公用的服务体系，相互得到许多利益，使社区发挥应有的功能。

台湾社区发展始于20年代世纪60年代中期，在精神上渊源于祖国历代的民间互助结社活动，在实际运作上吸取了20年代至30年代的乡村建设经验，而最直接的影响则来自联合国于50年代积极提倡并推动的能使社会大众积极参与社会事务的社区发展①。

1965年4月，台湾"行政院"公布"民生主义现阶段社会政策"，列有7项社会福利措施，社区发展为其中之一。这是台湾首次将社区发展列为正式的政策。1968年5月"行政院"颁布"社区发展工作纲要"，由"内政部社会司"主持，开始全面推动社区发展。当时界定的社区范围是村里行政区域，社区发展工作由社区内的户长选举9人到11人组成社区理事会来负责办理。同年9月又颁布"台湾省社区发展八年计划"。1969年后曾获联合国发展方案（UNDP）协助。1971年5月台湾省政府将八年计划改为十年计划，合并基层民生建设及国民义务劳动工作。自此由各级社区设发展委员会来策划、协调、联系并推动社区发展工作。

台湾社区发展十年计划下的工作项目有三大类：（1）基础工程建设，包括改善社区环境（排水沟、给水设施、垃圾转运站等）、交通道路、防洪设施等；（2）生产福利建设，包括改进农耕技术、病虫防治、提倡家庭副业、推行家庭计划、办理互助服务等；（3）精神伦理建设，包括兴建社区活动中心、设置社区图书馆、推行民众生活须知、提倡正当娱乐、加强各种社区团体活动等。在十年计划下，台湾地区政府共补助36亿元新台币（以下凡未注明币种的均为新台币），约有4000个村里社区参与建设，受益户很多（徐震，1981）（李建兴，1982）②。1983年"行政院"将"社区发展工作纲要"改为"社区发展工作纲领"，实际内容、做法与之前并无大异，仍由政府采用自上而下的指导方式来推行，居民被

---

① 参见苏景辉：《社区工作——理论与实务》，台北：巨流图书有限公司，2005年版，第77～79页。

② 参见蔡宏进：《社区原理》，台北：三民书局，2005年版，第236页。

动参与其中，这就违背了社区发展尊重社区民众意愿，让社区民众自决的基本精神。

1987 年台湾解除戒严体制，民间活力越来越旺盛，越来越多的人关心自己所居住的社区。为适应社会发展需要，1991 年"行政院"又将"社区发展工作纲领"修订为"社区发展工作纲要"，明确规定社区发展应采人民团体方式运作，称社区发展是由社区居民基于共同需要，循自动与互助精神，配合政府行政支援，技术指导，有效运用各种资源，从事综合建设，以改进社区居民生活品质。此次"纲要"修订虽与 1968 年同名，但与前一阶段的社区发展工作明显不同。以往社区理事是由政府规定社区内所有家户组成，这一阶段则是遵循"人民团体组织法"的方式，只要社区内 30 位以上的居民连署，即可发起组织社区发展协会，可说是一种志愿性组织。并且，随着台湾经济上的发展以及政治民主化、社会多元化的潮流，已出现一些自主性、自发性的社区发展协会，能自动自发地关心自己的社区事务，并以社区的力量从事各类社区活动，其中一类是社区抗争，另一类是延续以往的村里社区发展，但较为自发性、自主性地运作。

其后，更多的人自发行动起来，以社区为焦点，从事社区文史整理、古迹保存、生态保育、环境改造、健康与福利服务等各项活动，"涵盖了社区的各个面向，且目标在经营、创造社区"，因此被称为"社区总体营造（community renaissance）"。① 顺应这一社区发展潮流，政府各部门纷纷拟定各类计划和方案，下放资源，与民间社区自发性力量相结合，共同推行某些政策。"行政院文化建设委员会"（简称"文建会"）首先提出以文化建设进行"社区总体营造"的报告，接着是"内政部"提出"社会福利社区化实施要点"、"卫生署"提出"推动社区健康营造三年计划"、"教育部"提出"学习型社区行动方案"、"环境保护署"（简称"环保署"）推出"生活环境改造计划"，等等。

由于 9·21 震灾的冲击，"行政院""9·21 震灾灾后重建推动委员会"（以下简称"9·21 重建会"）开始推动"社区总体营造实施计划"。不同于以往由"文建会"倡导、各部门自行其是的社区营造政策推动模式，为落实社区"总体"营造理念，"重建会"采取积极整合各部门社区营造政策方案的协调机制，通过

---

① 苏景辉：《社区工作——理论与实务》，台北：巨流图书有限公司，2005 年版，第 86 页。

各乡（镇、市）公所、民间团体及学术机构的执行，由"9·21重建基金会"及各县（市）政府协助，运用社区工作专业方法，成立社区巡回小组作为单一窗口，主动出击深入社区，推动社区发展。

2003年1月，"行政院经济建设委员会"（简称"经建会"）颁布"新故乡社区营造计划"，目标即是"利用在地资源，引入人才及创意，营造活泼多彩的地方社区"，启动重建地方社会生活的"新故乡运动"和"新部落运动"，充分实践"两自三同"——"自主、自豪、同体、同演、同梦"的社区总体营造精神。"这是一个总体性的计划，但是在策略上是以生活社区为单位，包括乡村、部落族群及地方小镇，并以居民自主参与为主，配合专业者的指导协助与政府部门的行政经费支援，全面的重建台湾基层社会。"①

具体到地方层面，台北市为了鼓励民众由下而上参与和提升社区专业规划，落实社区总体营造，于1999年首创社区规划师制度，并影响及于新竹等市地，鼓励更多的专业者走进社区。社区规划师充当了市府与社区居民之间的沟通桥梁，在社区灾害预防的空间设计等方面发挥重要作用。

从社区发展到社区总体营造，台湾民众的社区意识、自治精神和社会参与等公民社会发展的各个方面得以加强，有力促进了社区组织的建立健全、政策法规的制定执行和来自社会多元主体的社区行动，为社区灾害应急管理奠定了良好的社会基础。

（五）适用于本研究的社区定义

根据上述对社区意涵、范围等理论与实践问题的探讨，结合本书研究计划，笔者对台湾社区灾害应急管理研究所界定的"社区"是行动的综合的概念。在社区灾害防救实务层面上，依"社区发展工作纲要"（1999）第2条所称社区——经乡（镇、市、区）社区发展主管机关划定，供为依法设立社区发展协会，推动社区发展工作的组织与活动区域。但在社区灾害应急管理制度体系、组织架构、运行机制等方面，对更大范围的社区亦有涉及。

这是因为灾害发生地总是在地域社区中，社区灾害应急管理既属于各级政府公共管理的范畴，又是一项特别重要的社区行动，需要政府部门主动建构公

---

① 苏景辉:《社区工作——理论与实务》附录三，台北:巨流图书有限公司，2005年版，第191～192页。

私协力的减灾平台，完善法律法规，持续投资各项防灾救灾的软硬件设施，推动和扶持社区防救灾工作；但这一社区行动又必须以社区为基础，从灾前整备、灾时救助到灾后重建都由社区居民自主进行操作，才能真正解决社区灾害问题。而如何才能促使社区居民主动参与社区防救灾活动？就须依靠社区的无形的心理层面的"共同意识"，以及具体的组织行动的"关系网络"。

一个社区要有地域的范围，工作才容易规划；要有心理的结合，发展才产生动力；要有健全的组织，计划才可以付诸行动。本书研究所界定的实务工作层面上的社区，因具备法定村里体系与行政范围，并且居民亦共同致力于社区防救灾行动，故概念上即存在明确的社区空间范围、社区组织系统与社区行动，而在分类上则包括都市型、乡村型与城乡型 3 种社区形态，可望使主题研究更明确具体而扎实深入。

二、台湾岛内关于"灾害"的认识与理解

（一）灾害的定义

自古以来，灾害就与人类社会相伴。由于工业化、城市化和技术的迅猛发展，带来巨大的社会变迁，加之全球媒体活动与资讯交流频繁的影响，关于灾害的定义亦随之时常变动，内容日益复杂。国际学术界对于灾害并没有一个共通的定义，某个"事件"被视为灾害，往往只是因为官方宣布它是灾害（Smith，1996）[1]。英文中对于灾害的用词，经常混用"disaster"及"hazard"。其中最大的差别在于"disaster"通常指"灾害事件"，"hazard"则指"达成事件的灾害"，两者有语意上的差别。

台湾学者对"disaster"及"hazard"的翻译和运用比较灵活，有的把"disaster"译为"灾难"，把"hazard"译为"灾害"[2]；有的则把"disaster"译为"灾害"，把"hazard"译为"危害"[3]；还有的把"disaster"译为"灾难"，把

---

[1] 参见马士元：《整合性灾害防救体系架构之探讨》，台北：台湾大学建筑与城乡研究所博士论文，2002 年，第 9 页。

[2] 参见詹中原等：《政府危机管理》，台北：空中大学，2006 年版，第 11 页。亦可参见张中勇、张世杰：《灾难治理与地方永续发展》，台北：韦伯文化国际出版有限公司，2010 年版。

[3] 参见马士元：《整合性灾害防救体系架构之探讨》，台北：台湾大学建筑与城乡研究所博士论文，2002 年，第 9 页。

"hazard"译为"危害"①;亦有未做区分,都译为"灾难"的②。在进行概念界定时,也常把这几个字面意思较为相近的词关联在一起,认为"灾害是人类生命财产或环境资源因危害发生而导致大量损失的事件"③,或"'灾害'乃指因灾难所造成之祸害"④。可见,灾害是一个概念相当松散的名词。

为便于研究,本书采用"disaster"的语意,但称之为"灾害"。在此并不对"灾害"与"灾难"进行词义上的区分,而是通过灾害的构成要件和分类来全面地把握灾害的意涵。

（二）灾害的构成要素

关于灾害的构成要件,通常是能达成共识的,一般认为至少有两个不可或缺的要素:（1）危害发生,（2）造成人命、财产或资源的损失（Dennil,1997）⑤。例如地震能对自然环境和人类社会造成危害,但若发生在无人居住的地方,或者根本没有造成人类生命财产的损失、阻碍生活上的正常活动,则属于自然现象,而不应称之为灾害。

（三）灾害的分类

1. 早期研究分类

自灾害研究的先驱 Gilbert White 从 1936 年开始有系统地对洪水问题进行学术分析以来,灾害研究的分类系统即开始得到发展。

早期的灾害研究将灾害分为自然的（natural）与人为的（man-made）两个归类领域。这主要源自于美国海外灾害援助办公室（US Office of Foreign Disaster Assistance, OFDA）从 1900 年以来的看法。

其后,由于社会结构与技术发展的变迁,这个分类界限日益模糊与重叠。以水灾为例,大雨与自然地形是必要的因素,但不当的开发与错误的环境规划

---

① 参见张中勇、张世杰:《灾难治理与地方永续发展》导论,台北:韦伯文化国际出版有限公司,2010 年版,第 1～2 页。

② 参见丘昌泰:《灾难管理学:地震篇》,台北:元照出版公司,2000 年版。

③ 马士元:《整合性灾害防救体系架构之探讨》,台北:台湾大学建筑与城乡研究所博士论文,2002 年,第 9 页。

④ 詹中原等:《政府危机管理》,台北:空中大学,2006 年版,第 284 页。

⑤ 参见马士元:《整合性灾害防救体系架构之探讨》,台北:台湾大学建筑与城乡研究所博士论文,2002 年,第 10 页。

在当今已开发国家和地区中，被普遍认为是归因的对象，反倒是暴雨成为诱因，也很难再区分到底是自然的还是人为的。而自20世纪80年代以来，环境问题与工业灾害逐渐成为新兴灾害项目，这些类型的灾害不仅不在早期的传统灾害研究领域中，其呈现在不同程度工业化国家中的状况也大不相同，因此各地灾害类型的划分，不仅和自然条件有关，亦随社会经济结构、政治制度、文化传统与技术发展应用程度，而有所不同。

其中，以美国学者Smith（1996）的分类系统在国际灾害研究领域中具有典型性。该归类方法避开自然因素与人为因素的争议，直接使用环境危害（environmental hazard）来统称灾害问题，成为全球灾害研究通用的属性分类系统。如下表：

表1-1　Smith 关于环境危害分类系统

危害类型	实质危害名称
大地构造 tectonic	地震、火山爆发
质量运动 mass movement	坡地灾害、山崩、雪崩
大气 atmospheric	暴风、气旋
生物物理 biophysical	气候异常、流行病、野火
水文 hydrological	水灾、旱灾
科技 technological	化学灾害、核灾害、污染

资料来源：马士元：《整合性灾害防救体系架构之探讨》，台北：台湾大学建筑与城乡研究所博士论文，2002年，第10页。

2. 美国FEMA的灾害分类系统

美国联邦紧急事务管理总署（Federal Emergency Management Agency，FEMA）（1997）在拟定国家防灾策略相关文献中，也依照不同的科学研究背景，将全国的灾害类型分为自然灾害与科技灾害两大类别，如下表：

表 1-2　FEMA 关于灾害分类系统

自然灾害类	气象性灾害	热带气旋、雷雨及雷击、龙卷风、暴风、冰雹、雪崩、冬季暴风雪、热浪
	地质性灾害	地滑与山崩、地盘下陷、土壤灾害
	水文性灾害	洪水、风浪与暴潮、河海岸侵蚀、旱灾
	地震性灾害	地震、海啸
	其他自然灾害	火山、野火
科技灾害类		水坝溃堤、火灾、危险物质、核能意外

资料来源：马士元：《整合性灾害防救体系架构之探讨》，台北：台湾大学建筑与城乡研究所博士论文，2002 年，第 11 页。

除了上述分类方式之外，由于都市化迅速发展所导致的都市灾害类型亦不可忽视，再加上危害发生的区位往往直接决定灾害的规模与强度，要巨细靡遗地将不同灾害类型在不同时空背景下的状况予以简单分类，其实是相当困难的。尤其是工业化国家所发生的部分灾害已呈现出复合性灾害（multi-disaster or multi-hazard）的特征，更必须以不同的单项灾害特征同时加以描述。

3. 联合国国际减灾战略机构对灾害的分类

联合国国际减灾战略机构对灾害的分类较为全面，包括自然灾害（natural hazards）、科技灾害（technological Hazards）与环境衰退（environmental degradation）三大类别。

自然灾害为生物圈中可能造成伤害的自然过程或现象，基于来源的不同，主要可分为水象（hydrometeorological）、地质（geological）与生物（biological）等三大类型。水象的灾害是与大气、水文或海洋相关的自然过程或现象，如洪水、泥石流、暴风雨、旱灾、森林大火、沙尘暴与雪崩等。地质的灾害是自然的地球现象，主要有地震、海啸、火山爆发、块体移动、山崩、岩滑、土壤液化与底层潜移等。生物的灾害是有机的或由生物的媒介所引起的过程，包括传染性的疾病、植物或动物接触性传染病暴发与蔓延、毒素及生化物质等。

科技灾害是指与科技或工业意外、建设失败或人类活动相关的危险。这些意外和活动可能危及生命、造成伤害、带来财产上的损失、社会及经济的瓦解或环境恶化，有时也被认为是人为灾害，例如工业污染、核能外泄、有毒废弃物、运输或工业科技意外。

环境衰退则是指由人类行为及行动（有时候和天然灾害相结合）所引发的过程，而损害自然资源或造成生态的转变，这些损害和转变可能增加天然灾害的发生频率，例如土地剥蚀、滥伐、森林大火、生物多样性的减少、土地水源空气污染、气候变迁、海平面上升，以及臭氧层破裂等[1]。

4.关于台湾地区的灾害分类

马士元（2002）借鉴 Smith、FEMA 以及 UNISDR 的分类，就台湾灾害类型提出了一个以灾害现象（phenomenon）为主轴的分类方式（如下表所示）：

表 1-3　台湾地区灾害类型与名称

灾害类型	大地构造灾害	质量运动灾害			大气灾害	生物物理灾害				水文灾害	科技灾害				公用事业灾害			交通灾害			重大火灾与爆炸					地区安全灾害			其他灾害
灾害名称	地震或火山爆发	泥石流	地层下陷	山崩、地滑	台风	生物生态灾害	野火	流行病	气温异常	水灾、旱灾	电脑信息灾害	公害与污染*	核事故灾害	毒性化学意外	电力中断	通信中断	公共用水中断	空难	铁路公路意外	重大捷运事故	地下建筑火灾	集会场所火灾	医院火灾	工业区火灾	高楼火灾	爆炸事件	恐怖活动	战争	其他意外事件

＊注：公害与污染：是指长期造成的环境污染问题，其处理对策与反应方式与核生化灾害有所不同。

资料来源：马士元：《整合性灾害防救体系架构之探讨》，台北：台湾大学建筑与城乡研究所博士论文，2002 年，第 156 页。

依台湾现行"灾害防救法"第 1 章第 2 条之 1，灾害是"指下列灾难所造成之祸害：（1）风灾、水灾、震灾、旱灾、寒害、土石流灾害等天然灾害。（2）火灾、爆炸、公用气体与油料管线、输电线路灾害、矿灾、空难、海难、陆上交

---

① 参见 UNISDR，Living with Risk：A Global Review of Disaster Reduction Initiatives，http://www.unisdr.org/we/inform/publications/657.

通事故、森林火灾、毒性化学物质灾害等灾害。"①

依照"'内政部'修正灾害紧急通报作业规定"(2002)第3条,台湾地区"灾害范围"包括:(1)风灾、水灾、震灾、旱灾、寒害、泥石流灾害及其他重大天然灾害;(2)重大火灾、爆炸、公用气体与油料管线、输电线路灾害、空难、海难与陆上交通事故、毒性化学物质灾害、疫灾、职业灾害、核能灾害、海洋污染、森林火灾、矿灾及其他重大灾害②。台湾"科学委员会"出版的"防灾科技研究报告"则将天然灾害分为:台风灾害、雨灾、寒害、旱灾及震灾等5项③。

由上可见,"灾害防救法"对台湾灾害的界定采较为专门、具体的意涵,故有学者批评:现行"灾害防救法"(第2条)所规定的天然或人为"灾害"类型和范围,"仅局限于水灾、风灾、震灾等天然灾害,以及火灾、爆炸、空难交通事故等灾害,并无法涵盖:动植物及人类传染病疫灾(如口蹄疫、禽流感、SARS、登革热、新流感等)、资通讯网路严重瘫痪(包括电力供应、网路资讯、对外通讯电缆和卫星等)、核能灾变或辐射污染、国际重大变故事件甚或聚众示威、罢工等灾难所造成之祸害,甚至出现复合性灾害事件或情势"④。

为便于研究,本书以重大灾害事件为分析案例,着重探讨台湾社区自然灾害。关于人为灾害,本书中不讨论人为故意造成的犯罪和战争等灾难。但由于地震等自然灾害也会引起火灾,且火灾对社区居民的生命财产安全与日常生活影响普遍而重大,因此,将其与那些受人为影响但并非故意造成的技术灾害和环境灾害一起纳入本书研究视域。

三、台湾社区常见灾害及重大灾害事件概述

就台湾社区经常性灾害而言,尽管因所在地域不同,所面临的灾害类型不

---

① 陈稔惠:《灾害应变制度之研究——以"中央"与地方关系为主题》附录一,台北:东吴大学法律学系硕士在职专班法律专业组硕士论文,2010年,第109页。

② 参见"修正灾害紧急通报作业规定",http://www.ndppc.nat.gov.tw.

③ 参见朱爱群:《危机管理:解读灾难迷咒》,台北:五南图书出版股份有限公司,2002年版,第51页。

④ 张中勇:《灾害防救与台湾"国土"安全管理机制之策进》,载张中勇、张世杰主编《灾难治理与地方永续发展》,台北:韦伯文化国际出版有限公司,2010年版,第38～39页。

同，如位处山间的社区需更多关注泥石流灾害，而濒临海岸的社区则常受海岸侵蚀、海水倒灌、排水不易等因素的威胁，但普遍来看，每年因台风水灾等气象性灾害损失极为可观，乡村社区饱受由此引发的农业灾害之苦，都市社区则因水患而疲于奔命，临近山坡地、公路边等处的社区为泥石流灾害所扰，还有不可预期的强震更是一大隐患，都市社区密集的建筑与人群又极易爆发火灾、传染病及其他意外事件。具体来看：

（一）台风

台风是威胁台湾社区最严重的天然灾害之一，"不但台风次数多、台风季长，而且能造成严重的风灾和水灾"①。台风常常带来充沛雨量，但也常造成山洪暴发、冲毁河堤、农田等，并导致下游及低洼地区的积水，引发水灾。

从实际数据观之，几乎每年都会有若干台风侵袭台湾，主要时期为7、8、9三个月份。根据1897年到2003年的资料，一共有375次台风侵袭台湾，平均每年有3到4次，最多曾达到一年9次（2001年），只有两年无台风侵袭（1941年和1964年）的记录②。其后至今的近十年间，台湾每年都会受到几个台风的影响，如2004年继蒲公英台风及艾利台风造成严重水患后，桑达台风西南气流又重创台北地区，紧接着海马台风警报发布。2005年稍早已有被台湾"气象局"分级为强烈台风的台风海棠、泰利吹袭台湾，龙王继之而来，使台湾自1994年后，首次于同年间对3个以上强烈台风发布陆上台风警报。海棠、泰利及龙王3个台风皆登陆台湾，也是自1965年以来，第一次在一年内有3个强烈台风登陆台湾。2008年则有强台风海鸥、凤凰、森拉克与蔷薇登陆，造成人员伤亡和严重农业损失。

---

① 福建省气候资料室《台湾气候》编写组：《台湾气候》，北京：海洋出版社，1987年版，第105页。

② 参见林俊全：《台湾的天然灾害》，台北：远足文化事业股份有限公司，2004年版，第77页。

表 1-4 20 世纪 90 年代以来台湾重大台风灾害统计表

| 名称 * | 侵台时间 | 人员伤亡（人） | | | 农业损失 |
		死亡	受伤	失踪	（元，新台币，下同）
杨希	1990.08.18	30	25	-	约 29 亿
提姆	1994.07.10	23	70	6	约 57 亿
道格	1994.08.08	15	42	-	约 89 亿
贺伯	1996.07.31	73	463	-	约 379 亿
瑞伯	1998.10.13	38	27	-	约 81 亿
碧利斯	2000.08.21	21	434	-	约 1.9 亿
象神	2000.10.30	89	65	-	约 35 亿
奇比	2001.06.23	30	124	-	约 5.5 亿
桃芝	2001.07.30	214	188	-	约 10 亿
纳莉	2001.09.16	104	265	-	约 20 亿
敏督利	2004.07.03	29	16	12	约 23 亿
艾利	2004.08.25	15	399	14	超 4.7 亿
泰利	2005.08.31	1	24	-	-
龙王	2005.10.02	1	53	1	7.5 亿
圣帕	2007.08.17	-	28	1	截至 8 月 19 日 15 时，9.4134 亿
罗莎（卡罗莎）	2007.10.06	9	57	2	截至 10 月 8 日 12 时，11.6757 亿
海鸥（卡玫基）	2008.07.17	20	8	6	截至 7 月 20 日 14 时，5.8134 亿
凤凰	2008.07.28	2	6	-	截至 7 月 29 日 20 时，6.573 亿
森拉克（辛乐克）	2008.09.13	14	20	7	截至 9 月 19 日 18 时，8.549 亿
蔷薇（蔷蜜）	2008.09.28	2	61	2	截至 9 月 29 日 22 时，3.1884 亿
莫拉克	2009.08.06	619	-	76	截至 9 月 8 日 18：30，164.68 亿
芭玛	2009.10.03	1	-	-	截至 10 月 8 日 9 时，6264 万
凡亚比（凡那比）	2010.09.19	2	111	-	截至 9 月 21 日 15 时，2.122 亿

（续表）

| 名称 | 侵台时间 | 人员伤亡（人） | | | 农业损失 |
		死亡	受伤	失踪	（元，新台币，下同）
鲇鱼（梅姬）	2010.10.21	38	96	-	截至11月3日18时，1.359亿
泰利	2012.06.19	1	1	-	截至6月21日14时，7.4307亿
苏拉	2012.07.31	5	16	2	截至8月3日14时，3.521亿

＊注：当台湾与大陆对同一个台风的称法不一致时，台湾的放在括号中。

资料来源：2004年之前的数据主要参考林俊全：《台湾的天然灾害》，第79页；2004年至今的数据为作者根据台湾"内政部消防署"全球资讯网之历年灾害应变处置报告自行资料整理，http://www.nfa.gov.tw/upl.

2009年8月上旬的莫拉克台风致台湾南部社区遭遇50年不遇的罕见自然灾害，由于灾情和死伤人数惨重，为国际上重大的灾害新闻，又被称为"八八"水灾，也叫莫拉克风灾。台风带来破纪录的暴雨量造成不少乡镇严重水患及桥梁道路阻断等灾情，农渔畜牧业蒙受巨大损害，更有多处山区部落遭致山崩和泥石流淹没。尤其是高雄县甲仙乡小林村遭泥石流"灭村"，只剩地势最高的两间民房，其他房舍全被泥石流埋掉，不见踪影。台湾"灾害应变中心"2009年8月13日公布，小林村有169户398人遭活埋，被埋的9到18邻[1]已是一大片碎石和泥流。全台共计近700人在这次风灾中死亡或失踪，26,000余人被迫撤离家园，灾后复原及重建除需巨额经费约1200亿～2000亿元之外，赋税亦因灾损而短收[2]。"行政院"于2009年9月17日公告"莫拉克台风灾区范围"，详如下表：

表1-5　莫拉克台风灾区范围

县（市）	受灾乡（镇、市、区）	数目（个）
台中县	丰原市、东势镇、新社乡、雾峰乡、太平市、和平乡	6
南投县	南投市、埔里镇、草屯镇、竹山镇、名间乡、鹿谷乡、中寮乡、鱼池乡、国姓乡、水里乡、信义乡、仁爱乡	12

[1] 注：台湾的一个基层管理单位，介于村（里）与户之间。

[2] 参见张中勇：《灾害防救与台湾"国土"安全管理机制之策进》，载张中勇、张世杰主编《灾难治理与地方永续发展》，台北：韦伯文化国际出版有限公司，2010年版，第17页。

（续表）

县（市）	受灾乡（镇、市、区）	数目（个）
彰化县	彰化市、秀水乡、芬园乡、员林镇、埔心乡、二水乡、埤头乡、大城乡、鹿港镇、溪湖镇、花坛乡	11
云林县	斗六市、斗南镇、土库镇、北港镇、古坑乡、大埤乡、莿桐乡、林内乡、二仑乡、麦寮乡、台西乡、元长乡、四湖乡、口湖乡	14
嘉义市	东区、西区	2
嘉义县	太保市、朴子市、布袋镇、大林镇、民雄乡、新港乡、六脚乡、东石乡、义竹乡、鹿草乡、水上乡、中埔乡、竹崎乡、梅山乡、番路乡、大埔乡、阿里山乡	17
台南市	安南区、东区、南区、北区、中西区、安平区	6
台南县	新营市、盐水镇、白河镇、柳营乡、后壁乡、东山乡、麻豆镇、下营乡、六甲乡、官田乡、大内乡、佳里镇、学甲镇、西港乡、七股乡、将军乡、北门乡、新化镇、善化镇、新市乡、安定乡、山上乡、玉井乡、楠西乡、南化乡、左镇乡、仁德乡、归仁乡、关庙乡、龙崎乡、永康市	31
高雄县	凤山市、林园乡、大寮乡、大树乡、大社乡、仁武乡、鸟松乡、冈山镇、桥头乡、燕巢乡、田寮乡、阿莲乡、路竹乡、湖内乡、茄萣乡、永安乡、弥陀乡、梓官乡、旗山镇、美浓镇、六龟乡、甲仙乡、杉林乡、内门乡、茂林乡、桃源乡、那玛夏乡	27
屏东县	屏东市、潮州镇、东港镇、恒春镇、万丹乡、长治乡、麟洛乡、九如乡、里港乡、盐埔乡、高树乡、万峦乡、内埔乡、竹田乡、新埤乡、枋寮乡、新园乡、崁顶乡、林边乡、南州乡、佳冬乡、琉球乡、车城乡、满州乡、枋山乡、山地门乡、雾台乡、玛家乡、泰武乡、来义乡、春日乡、狮子乡、牡丹乡	33
台东县	台东市、成功镇、关山镇、卑南乡、鹿野乡、池上乡、东河乡、长滨乡、太麻里乡、大武乡、海端乡、延平乡、金峰乡、达仁乡	14
总计全台受灾乡（镇、市、区）数目		173

资料来源："莫拉克台风灾后家园重建计划"（草案），http://www.ndppc.nat.gov.tw.

2012年入夏以来，台湾又遇到台风和暴雨的轮番侵袭，农业损失严重，局部地区发生土石崩落，并有人员伤亡等灾情。5月，南部地区受暴雨侵袭，农业损失较大。6月，台风"谷超"和"泰利"相继引进西南旺盛气流，致使北、中、南各地暴雨不断，岛内交通一度几乎停摆，台南左镇发生土石崩落、桥梁坍塌等灾情。特别是泰利台风来势汹汹，雨量虽没有原先预估的那么多，但是截至6月21日14时，造成的农业损失金额总计高达7.4307亿元。而自7月31日起，台风"苏拉"挟带狂风暴雨袭击了全台湾，更在8月2日两进两出，12小时内两度登陆，引发大范围灾情，造成5人死亡、2人失踪、16人受伤。各地陆续传出停电灾情，截至3日19时15分，累计有近23万户停电。暴雨也引发了地质灾害，花莲县遭遇泥石流，20多户民宅被埋；公路传出灾情，苏花公路落石、坍方严重，部分路段路基流失，阿里山公路触口路段（35公里处），也就是明隧道附近，山壁松动，整片边坡土石崩落，完全覆盖路面，还冲向附近便利商店及民宅，所幸无人员伤亡。又据台湾"内政部农业委员会"（简称"农委会"）的统计，截至8月3日14时，苏拉台风造成的农业灾损已高达3.521亿元[①]。

（二）地震

台湾社区的许多灾害是随着地震而来的。以距离现在较近且并未酿成重大灾祸的3·31地震为例，2002年3月31日发生在花莲外海的里氏6.8级强烈地震，造成5人死亡，269人受伤，并有民房倒塌、公路坍方等灾情。地震期间共发生瓦斯外泄27起，火灾7起，幸好都没有酿成重大灾情[②]。1999年9月21日发生的集集大地震（简称"9·21地震"或"9·21震灾"）则是近年来台湾社区遭受最为惨重的一次自然灾害，受灾地域广泛，总计有6个县（市）44个乡（镇、市、区）[③]，并对台湾社会造成深远的影响。

台湾地区平均每年约发生2200次地震，其中多数为无感地震，有感地震

---

① 台湾"内政部消防署"全球资讯网之历年灾害应变处置报告，http://www.nfa.gov.tw/upl.
② 台湾"内政部消防署"全球资讯网之历年灾害应变处置报告，http://www.nfa.gov.tw/upl.
③ 参见陈稔惠：《灾害应变制度之研究——以"中央"与地方关系为主题》，台北：东吴大学法律学系硕士在职专班法律专业组硕士论文，2010年，第11页。

每年平均约为 214 次。根据以往记录，灾害性地震，平均每年可能发生一次①。自有记载以来，造成超过 10 人以上死亡的灾害地震至少有 30 次，其中，有 14 次地震造成百人以上死亡，造成千人以上死亡的重大灾害地震有 4 次，分别是 1848 年彰化地震（1030 人死亡）、1906 年梅山地震（1258 人死亡）、1935 年新竹 - 台中地震（3276 人死亡）与 1999 年集集地震（2444 人死亡）②。详见下表：

表 1-6　20 世纪以来台湾地区死亡 10 人以上的重大地震灾害一览表

编号	日期	名称	震央位置		深度（公里）	规模	人员伤亡（人）		屋毁间数	
			维度	经度			死亡	受伤	全倒	受损
1	1904.11.06	斗六地震	23.575	120.250	7	6.1	145	158	661	3179
2	1906.03.17	梅山地震	23.550	120.450	6	7.1	1258	2385	6772	14218
3	1906.04.14	盐水港地震	23.400	120.400	10	6.4	15	84	1794	10037
4	1916.08.28	南投地震	24.000	121.025	45	6.8	16	159	628	4885
5	1917.01.05	埔里地震	24.000	120.975	5	6.2	54	106	317	1123
	1917.01.07		23.950	120.975	5	5.5				
6	1922.09.02	苏澳地震	24.600	122.200	20	7.6	11	23	17	196
7	1927.08.25	新营地震	23.300	120.300	20	6.5	11	63	214	1209
8	1935.04.21	新竹台中地震	24.350	128.820	5	7.1	3276	12053	17907	36781
			24.700	120.900	2	5.8				
9	1935.07.17	后龙溪口地震	24.600	120.700	30	6.0	44	391	1734	5887
10	1941.12.17	中埔地震	23.400	120.475	12	7.1	358	733	4520	11086
11	1946.12.05	新化地震	23.070	120.330	5	6.1	74	482	1954	2084

---

① 台湾全民"国防"教育补充教材之防卫动员《灾害防治与应变》，第 160 页，http://www.ndppc.nat.gov.tw.

② 郑世南、叶永田：《地震灾害对台湾社会文化的冲击》，载林美容等主编《灾难与重建——九二一震灾与社会文化重建论文集》，台北："中央研究院"台湾史研究所筹备处，2004 年版，第 132 页。

（续表）

编号	日期	名称	震央位置		深度	规模	人员伤亡		屋毁间数	
			维度	经度			死亡	受伤	全倒	受损
12	1951.10.22	花莲地震	23.875	121.725	4	7.3	68	856	2382	
			24.075	121.725	1	7.1				
			23.825	121.950	18	7.1				
13	1951.11.25	池上地震	23.100	121.225	16	6.1	17	326	1016	582
		玉里地震	23.275	121.350	36	7.3				
14	1957.02.24	花莲地震	23.800	121.800	30	7.1	11	33	64	115
15	1959.08.15	恒春地震	21.700	121.300	20	7.1	17	68	1214	1375
16	1963.02.13	苏澳地震	24.400	122.100	47	7.4	15	3	6	6
17	1964.01.18	白河地震	23.267	120.600	18	6.1	106	650	10520	25818
18	1986.11.15	花莲地震	23.992	121.833	15	6.8	15	62	35	32
19	1999.09.21	集集地震＊	23.852	120.816	8	7.3	2444	8700	> 10000	

资料来源：节选自郑世南、叶永田：《地震灾害对台湾社会文化的冲击》，载林美容等主编《灾难与重建——九二一震灾与社会文化重建论文集》，台北："中央研究院"台湾史研究所筹备处，2004 年版，第 151 页。

＊注：关于集集地震即 9·21 地震的损失，另据台北大学张四明、王瑞夆在《台湾红十字会发展灾变服务整合平台经验分析》一文中引用"九二一网络博物馆"之"灾后重建政策白皮书"的数据：死亡人数 2440 人，失踪 54 人，重伤人数 689 人，其中，台北市、台北县、台中市、台中县、南投县、彰化县的居民伤亡严重。此外，有高达 10 万户以上的建筑物倒塌毁损，造成观光产业损失高达 300 亿元，政府在救灾与重建所投入的经费高达 1377 亿元（载赵永茂、谢庆奎等主编《公共行政、灾害防救与危机管理》，北京：社会科学文献出版社，2011 年版，第 101 页）。

（三）泥石流

剧烈的地震带来山崩、地裂、陷落、断层、落石等地质灾害，埋下了台湾社区遭受泥石流灾害的隐患。台风暴雨所带来的破坏力，常引发地表的侵蚀与搬运现象，造成许多山崩、地滑、泥石流、土壤冲蚀等灾害。山凹处的崩积物、沉积物或风化的物质形成土沙层，河道上堆积的泥沙被冲刷出来，沙、砾、泥等物质与水的混合物,受重力作用后,"像可塑性流体一样"[①]往山下边坡或河流下游移动,其速度可以从每秒数公分至每秒数十公尺,常常在很短的时间内冲毁或淤埋各种设施与田地,造成生命财产的伤亡,并搬运巨石,导致桥梁毁损、建筑坍塌等情形,给社区造成严重的灾害影响。如 2001 年 7 月桃芝台风过境时发生的泥石流灾害给花莲县光复乡大兴村带来惨重灾情。该村全部的 184 户,近 150 户遭泥石流掩埋,其中 6、7、8 邻共 37 户,有 12 栋房屋全部被埋。农地损失约 50 公顷,下移土方量约 150 万立方米,更造成 27 人死亡、16 人失踪、8 人受伤的惨剧[②]。

表 1-7 20 世纪 90 年代以来台湾泥石流灾害统计表

时间	诱因	地点	灾情简介
1990.06	欧菲利台风	花莲县秀林乡铜门村	32 栋房屋全倒,36 人遭活埋
1994.07	提姆台风	花莲县丰滨乡	泥石流的泥浆掩埋了新社村东兴部落 20 余户房舍,并冲断花东海岸公路
1996.07	贺伯台风	南投县信义乡神木村等地区	全台罹难人数达 70 多人,主要是在南投地区。尤其是陈有兰溪及阿里山区灾情惨重,死亡过 40 人,财物损失不计其数
1998.10	芭比丝台风	台北县新店市	当地近百户住家遭受土石、泥浆侵入,居民及时逃生,无人员伤亡,但财物损失极大
1999.09	集集地震	---	虽无直接发生泥石流灾害,但大量松散的土方堆积在山坡上或山谷间,已经大大提高了发生土石流的可能性
2000.10	象神台风	东北部及北部	多处泥石流,遇难人数达 89 人
2001.07	桃芝台风	全台	全台因泥石流遇难和失踪的人数共 214 人

---

① 林俊全:《台湾的天然灾害》,台北:远足文化事业股份有限公司,2004 年版,第 91 页。

② 参见林俊全:《台湾的天然灾害》,台北:远足文化事业股份有限公司,2004 年版,第 102 页。

（续表）

时间	诱因	地点	灾情简介
2001.09	纳莉台风	三峡白鸡、苗栗头屋乡凤鸣村等	多处泥石流灾害，全台罹难人数 104 人
2004.07	敏督利台风	中南部	造成中南部平原许多地方淹大水及山区泥石流不断，造成 29 人死亡、16 人受伤、12 人失踪
2004.08	艾利台风	新竹县	在新竹县五峰乡清泉部落及土场部落造成泥石流，导致 12 人死亡、10 人失踪
2008.09	森拉克台风	南投县	苗栗县大湖有 2 人不幸遭泥石流活埋；南投县丰丘明隧道崩塌，造成 1 死、6 失踪，还有 8 辆车遭到活埋
2009.08	莫拉克台风	---	滚滚泥流所经之处路断屋垮，停水停电，多处电话基地台待修。其中高雄县甲仙乡小林村遭泥石流"灭村"
2009.10	芭玛台风	东部、北部和南部	狂风暴雨造成多条溪流水位暴涨，多处公路、铁路因塌方、泥石流而交通中断，数千民众被迫撤离家园。在泥石流警戒方面截至 10 月 5 日则有 15 条红色警戒区域和 157 条黄色警戒区域，苏（澳）花（莲）公路则在 4 日深夜发生塌方
2010.10	鲇鱼台风	东北角	苏花公路多处塌方、道路损毁，导致正在台湾东海岸的 24 个大陆旅行团共 542 名游客被困，造成包括 19 名大陆游客在内的 26 人罹难
2011.08	南玛都台风	台东、花莲、屏东、宜兰、高雄、金门等	多个地区发生淹水、泥石流等灾情，屏东、高雄及台东多处山区塌方，屏东县来义乡来义村屏 110 线塌方，满州乡也有泥石流冲进民宅
2012.06	地震及西南气流带来暴雨	中南部	台 14 线埔雾公路因泥石流灾害导致许多民众、旅客无法下山
2012.07	苏拉台风	花莲县、阿里山公路等地	花莲县遭遇泥石流，20 多户民宅被埋；苏花公路落石、坍方严重，部分路段路基流失；阿里山公路边坡土石崩落

资料来源：作者参考林俊全著《台湾的天然灾害》第 92 ～ 93 页及互联网资料自行整理。

（四）火灾

火灾是所有社区中都可能会发生的一类灾害，都市型社区尤甚，多由人为因素引起。地震等自然灾害也常引发火灾。台湾"'内政部'火灾灾害防救业务计划"将火灾依燃烧的物质不同分为4大类——普通火灾、油类火灾、电气火灾、特殊火灾，并对1991年至2009年的台湾重大火灾案件作了详细统计，如下表所示：

表 1-8　台湾历年重大火灾案件统计表

时间	地点	遭灾业户	建筑用途	伤亡情况	原因
1991年1月20日20时14分	台北市大同区重庆北路一段73号8至9楼	天龙三温暖	商业建筑	18死7伤	人为纵火
1992年5月11日2时56分	台北县中和市中山路二段64巷30号	永晖育乐有限公司	1楼为旺德生鲜超级市场，2楼施工中，3楼为自强保龄球馆	20死	不明
1992年10月20日2时43分	高雄市三民区河北二路50之3号	花旗大饭店	饭店	17死13伤	不明
1992年11月21日3时2分	台北市中山区抚顺街33号2楼	神话世界KTV	KTV	16死2伤	人为纵火
1993年1月19日2时17分	台北市中山区松江路301号2楼	论情西餐厅	餐厅	33死25伤	人为纵火
1993年5月12日18时33分	台北市中山区新生北路二段39号之1	卡尔登理容院	复合建筑	21死11伤	人为纵火

（续表）

时间	地点	遭灾业户	建筑用途	伤亡情况	原因
1995 年 2 月 15 日 19 时 20 分	台中市中港路 1 段 52～56 号	台中市卫尔康西餐厅	餐厅	64 死 11 伤	瓦斯外泄
1995 年 4 月 17 日 2 时 8 分	台北市万华区汉口街二段 51 号	快乐颂 KTV	KTV	12 死 9 伤	人为纵火
1995 年 10 月 31 日 2 时 24 分	嘉义市中山路 617、619 号	嘉年华大楼	复合建筑	11 死 8 伤	不明
1996 年 7 月 25 日 9 时 54 分	台北市中山区中山北路二段 74 号	默林婚纱摄影	营业	5 死 11 伤	电气设备
1996 年 11 月 12 日 18 时 9 分	台北市中山区新生北路二段 208 号	锦新大楼	集合住宅 *	2 死 16 伤	人为纵火
1997 年 8 月 21 日 10 时 31 分	台南市成功路 111 号	茶匠茶坊	商业建筑	1 死 17 伤	人为纵火
2000 年 5 月 6 日 2 时 16 分	宜兰市和睦路 2-48 号	仁爱医院第二院区	医院	8 死 19 伤	无法排除以明火引燃的可能性
2001 年 4 月 2 日 12 时 53 分	桃园市慈德街 6 号 1 楼	佳育儿童心算慈文分校	独立住宅	2 死 19 伤（1 名伤者于急救多日后死亡）	人为纵火
2002 年 1 月 6 日 2 时 21 分	屏东市庄敬街二段 89 巷 13 号	富生大楼	集合住宅	33 伤	疑似人为纵火
2003 年 8 月 31 日 1 时 54 分	台北县芦洲市民族路 422 巷 114 弄	大囍市小区	集合住宅	14 死 70 伤	人为纵火

（续表）

时间	地点	遭灾业户	建筑用途	伤亡情况	原因
2003 年 11 月 14 日 8 时 25 分	桃园市复兴路 70 号 6 楼及 7 楼	四季饭店	商业建筑	5 死 10 伤	人为纵火
2005 年 2 月 26 日 16 时 18 分	台中市中区建国路 105-1 号 18 楼	金沙大楼火灾	复合建筑	4 死 3 伤	施工不慎
2008 年 5 月 25 日 12 时 15 分	台北县新庄市中正路 829 巷 22 号	铃木华城集合住宅 M 栋	集合住宅	3 死 2 伤	疑似儿童玩火
2009 年 3 月 2 日 2 时 42 分	台北市大同区太原路 142 之 13、14 号	白雪大旅社	商业建筑	8 死	人为纵火

＊注：集合住宅是一个比较宽泛的概念，是指"由两个或两个以上具有相似性质的、供多个家庭使用的单元组成的住宅单体，即家庭专用住宅的集合体。"（高雪、矫苏平：《集合住宅之理论探索》，沈阳：美术大观，2011 年第 7 期。）

资料来源：台湾"'内政部'火灾灾害防救业务计划"，http://www.ndppc.nat.gov.tw.

根据台湾"内政部消防署"统计，2011 年全台火灾成灾数约 1700 多件，97 人死亡、288 人受伤，但救护车出勤救难次数却高达 100 多万件、受照顾人数约 80 多万人，显示火灾数量虽渐趋减少，但救难次数却越来越多，"消防署"的工作已从"消防"变成"灾防"。

（五）都市型水灾

所谓都市型水灾，是指异常或大量的降雨量，导致都市排水系统无法及时泄洪，而造成市区内的积水，对社区民众的生命财产构成重大威胁。尤其在夏秋季节，不论是台风所挟带的暴雨，还是夏季性的午后雷阵雨，动辄造成市区内低洼地区或排水不良地区积水不退的问题。"此一现象在市区内已有日趋恶化的倾向"，俨然已成为都市社区居民每到雨季时生活中的一大梦魇[1]。

---

[1] 朱爱群：《危机管理：解读灾难迷咒》，台北：五南图书出版股份有限公司，2002 年版，第 297 页。

（六）乡村社区农作物灾害

除了和都市社区一样，会遭受风灾、水灾、震灾、火灾及泥石流等多种灾害外，台湾乡村社区还要承担农作物灾害所造成的生产损失，直接影响其生活。

每一次强烈台风过境，都导致台湾农渔牧等农作物与渔产品歉收及设施毁损。旱灾、寒害等也是台湾乡村社区必须面对的灾害问题，作物或养殖物传染病造成的农业生产损失亦不可低估。如稻热病，在梅雨季节若气温在 22 度到 29 度之间忽热忽凉的变化，加上相对湿度高达 90%，最容易发生。2001 年 5 月，桃园县境内 16,000 公顷稻作中，约有 3000 公顷被感染，桃园区农业改良场的发生面积就将近 1400 公顷，其中以龙潭地区最严重，上林村黄姓农民的 3 分多农地全部感染，必须全部烧毁，重新种植[1]。

四、台湾社区常见灾害成因分析

灾害学认为，灾害的成因是人、社会、自然三者关系失衡的结果。台湾社区常见灾害，一方面受台湾特有的地理与气候等自然状况的影响，另一方面与台湾社会的人口、经济、政治等多种因素息息相关。其成因包括以下 3 个方面：

（一）地理与气候因素

台湾位于北纬 21°53′ 至 25°17′，东经 120°02′ 至 122°00′ 之间，北回归线横贯其中南部分。在这个位置上，一年中既受西风带天气系统控制，又受东风带系统影响，低平地带具有热带和亚热带季风气候特点。台湾本岛的西面隔着一条宽度约 200 千米、深度不超过 100 米的东北西南走向的台湾海峡，和祖国大陆遥遥相望。海峡两边群山耸立，气流通过其间狭管效应明显，这是造成海峡中和近岸地带风力很强的主要原因之一。东北面的琉球群岛与之相距 600 千米左右。东面对着广阔的太平洋，南界巴士海峡与菲律宾相距 300 千米左右。每当夏秋期间西太平洋台风袭击我国东南沿海时，台湾往往首当其冲[2]，是西太平洋一个时常遭受台风侵袭的海岛。

---

① 参见朱爱群：《危机管理：解读灾难迷咒》，台北：五南图书出版股份有限公司，2002 年版，第 143 页。

② 参见福建省气候资料室《台湾气候》编写组：《台湾气候》，北京：海洋出版社，1987 年版，第 1 页。

在祖国东南沿海的大陆架上，台湾为欧亚大陆板块与菲律宾海板块碰撞交界处，地处岛弧地震带，不可预测的强震是一大隐患，地质破碎且多断层，山坡陡峭、河流坡度大、流速急，天然就是易酿灾害地区。加上气温高、湿度大、降雨量大、降雨集中等特征，使之成为世界上自然灾害高风险地区之一。

（二）全球气候变迁的影响

气候变迁是一个持续性演化的过程。自工业革命以来，尤其是在石化工业快速成长、都市化普遍集中及热带雨林消失加快等因素影响下，全球气候变化已然出现：平均气温变暖且趋势加快，极地冰盖萎缩和高山冰川融化现象持续，海平面逐渐上升，热浪、干旱、热带气旋和强降水等极端天气的强度及范围逐渐扩大，进而直接或间接影响人类生活环境的品质或安全，涉及农业生产及粮食安全、水资源短缺及供应匮乏、海平面上升而淹没沿海低地、生态系统及生物多样性、人类健康等5大方面，致使人类发展将因而迟滞甚至倒退[1]。

"正是建立在矿石燃料基础上的工业文明，自过去两个世纪以来，极大地加快了人类生活的自然环境的这种退化。"[2]

由于全球极端气候变迁的影响，台湾社区天然或人为灾害日趋频繁甚或加剧，灾害受损范围与程度亦随之扩大和恶化。近年来，台湾地区暴雨发生的频率快速上升，强降雨的范围也逐渐扩大，淹水机会愈来愈高。过去暴雨集中少数地区，现在则"全台乱跑"，到处都有强降雨的可能。像2012年梅雨锋面就从南跑到北，又再跑回南部，时间长、范围广，显示台湾进入"极端气候"。

（三）人为因素

"不论是天然或人为灾害的产生，往往是失败的发展结果。"[3]大量灾害经验表明，自然因素只是一个促发条件，真正导致灾害影响扩大的因素在于人为破坏，即使是天然灾害也可能是肇因于发展过程中人类制造了一些不利的社会经济与政治条件，导致灾害影响加剧，使得我们生存的环境失去复原的韧力，甚

---

① 参见联合国环境署和世界气象组织：《2007年气候变迁报告》及发展署：《2007/2008人类发展报告——对抗气候变迁：分裂世界中的人类团结》，转引自张中勇、张世杰主编《灾难治理与地方永续发展》，台北：韦伯文化国际出版有限公司，2010年版，第19页。

② 转引自俞可平：《生态文明与马克思主义》，北京：中央编译出版社，2008年版，第1页。

③ ADPC（2010），Urban Governance and Community Resilience Guides：Our Hazardous Environment. Bangkok：the Asian Disaster Preparedness Center.

至付出许多沉重的社会成本。

"灾害损失是由于狭隘的、目光短浅的发展模式、文化内涵，甚至技术所造成的对自然环境破坏的后果。"① 台湾社区各类灾害的发生亦存在这样的人因要素，归结起来，主要有以下 4 点：

1. 地狭人稠的现实地情与较高程度的都市化，导致长期环境超限利用，社区灾害转呈多样化及严重化。

台湾是一座南北长约 394 千米，东西最宽处约 144 千米的岛屿，总面积 36006.2245 平方公里 ②。据其"内政部"发布数据，截至 2001 年 6 月底，台湾人口已达 2227.566 万人，人口密度每平方公里 619 人。2010 年人口总量增至 2316 万 ③，人口压力更大。就各社区间人口密度大小而言，"一般以都市社区中的古老地段最高，而以山地乡的人口密度最低"④。

由于人口集中及都市化成长，土地开发的成本和压力大于其他地区，许多山坡地、海岸地与河川地等不宜人居的土地也被大量开发出来。对地表而言，天然灾害是自然的作用力所产生的变化，可说是一种自然现象。但过度开发，与天争地，无视地表作用可能潜在的威胁，则使人们承受这些作用力所带来的各类灾害。

而随着台北市、新北市（原台北县）、台中市（原台中县市合并）、台南市（原台南县市合并）及高雄市（原高雄县市合并）升格，正式与台北市形成五大都会格局，台湾都市化进程迈开新的步伐。都市人口集中，单一灾害的连锁效应愈益显著，社区灾害呈现多样化、复合性等特点。加之新闻开放，信息传播，灾害对社区的冲击亦随之升高。

2. 政府政策偏差，土地规划执行不彻底，长期忽视生态保护，使社区暴露在灾害的威胁之中。

台湾现代化走过了以牺牲环境而换取经济快速发展的道路。过去的政府政策偏差，大量砍伐原始森林以换取外汇，而租地造林政策又执行不彻底，使许多宜林地变成高山蔬菜与果园、茶园，且欠缺管理与专业评估，导致地层松动、

---

① 丹尼斯·S. 米勒蒂：《人为的灾害》，武汉：湖北人民出版社，2004 版，第 1 页。

② 参见陈孔立：《台湾历史纲要》，北京：九州出版社，2008 年版，第 1 页。

③ 参见周志怀：《台湾 2010》，北京：九州出版社，2008 年版，第 461 页。

④ 蔡宏进：《社区原理》，台北：三民书局，2005 年版，第 104 页。

水土破坏。人们与产业往山上移后，又必须开发许多山区道路、产业道路与农路，使原本脆弱的地质与地形更加脆弱[①]。

濫垦山林的结果导致山坡地土壤流失，暴雨骤至时容易引发泥石流及山崩。1996 年贺伯台风即充分暴露出此类灾害特质。1989 年台湾的台 21 线公路水里玉山线通车后，让山区的开发压力逐日增加，整体环境风险管理制度毫无把关功能，累积 10 年的开发后遗症在强大的雨势下爆发。直至 2002 年，对于台 21 线沿线的开发总量管理机制尚未建立[②]。2001 年纳莉台风则暴露出台北盆地山坡地开发的严重性。随着山坡地开发强度越来越大，老崩坍地、厚层风化松软物质、断层带或岩石较为破碎的地区，经过开发后，常会一雨成灾。尽管现在对山坡地开发的管制，要求坡度必须符合 30% 以下，以减小山坡地开发的危险性，但灾害发生的可能性仍然非常高。

就海岸而言，目前台湾地区的海岸灾害也常伴随着各种开发与利用方式而来，西部海岸由于养殖渔业超抽地下水而造成地层下陷、海平面上升与海岸侵蚀及堆积等问题，东部则有非常明显的海岸后退现象。特别是解严后，海岸地区成为各级政府与民间争相开发的地区，许多的开发计划与土地利用方式，常常造成冲突与浪费，甚至造成新的海岸灾害[③]。

3. 作为防范与治理灾害的重要手段，工程方法也带来了一定的人为技术灾难，加剧了台湾社区的灾害风险。

"许多开发都是藉着工程方法突破环境的限制"[④]，还有许多的工程技术在解决了一类问题的同时，却带来另一类灾害。

如都市型水灾，固然有台风暴雨等天然因素的作用，但与人为技术因素亦密切相关。以台北市为例，由于位处大汉溪、基隆河及新店溪三大河川下游，过去屡遭水患。1981 年台北盆地防洪计划实施后，即在此三大河床及其重要支流沿岸兴建堤防，临近市镇也相继兴建排水系统并整治山溪。虽然明显改善了

---

① 参见林俊全:《台湾的天然灾害》,台北:远足文化事业股份有限公司,2004 年版,第 2 页。

② 参见马士元:《整合性灾害防救体系架构之探讨》,台北：台湾大学建筑与城乡研究所博士论文，2002 年，第 172 页。

③ 参见林俊全:《台湾的天然灾害》,台北:远足文化事业股份有限公司，2004 年版，第 15 页。

④ 林俊全:《台湾的天然灾害》，台北:远足文化事业股份有限公司，2004 年版，第 12 页。

河川沿岸水患的侵扰，但也意外造就了都市型水灾。2001 年纳莉台风攻下台北捷运，台铁隧道严重积水，合并交通电信产业损毁，灾害损失惨重。而台湾各地河川河岸都运用堤防或水门的设施来抗洪防汛，都市型水灾普遍[①]。

而当时的台湾行政管理部门将荖农溪的部分水流强引至曾文水库的"越域引水"工程更是备受指斥，已被停工。究竟此工程是否导致了"八八"水灾中山岭崩塌活埋小林村数百村民，需待专家勘查鉴定。但越域引水工程为博取水源而破坏水土、扰动大地与山川的和谐关系，代价高昂。

4. 公共行政管理体制中的问题，也是台湾社区灾害发生的重要因素。

灾害的发生以及引起灾害的社会经济原因，都与公共行政管理体制密不可分。台湾学者李宗勋认为，"台湾社会是一盘散沙型，比较不是'组织鲜明的'，欠缺横向联系的社会"[②]。社会状况与政治体制密切相关，台湾地区公共行政管理体制亦存在部门分割和层级节制的现象。

就灾害管理体制而言，台湾采取灾因管理体制，按照政府主管部门的专业范畴，对应单一灾种，进行分类管理，能有效处理单一灾害。但由于部门之间欠缺协调与整合，在应对复合型灾害时，常显力不从心。

具体到灾害预防的最本源——水土规划和管理，正是因为部门林立，各有利益，欠缺横向协调与联系，无法进行整体决策，实现资源的优化配置，从而影响应对灾害的效果。以河床为例，从上游发源地到出海口即存在"没事大家管、有事没人管"的现象。如高屏溪的源头归"国家公园"管，以下林边地是"林务局"管，山坡地保育则归"水土保持局"（简称"水保局"）管，河川归"水利署"，县（市）也管得到河川，灌溉用水归"农田水利会"，污染排放是"环保署"的权责，牵涉到的法令更是名目繁多。流域的管辖割裂，容易产生"踢皮球"现象。"有利争破头，无利躲着走"，对灾害课责机制运转产生障碍，也就无法从体制根源上降低灾害发生的可能性。更何况蓝绿两党之间存在激烈的竞争，迫于选票的压力，都不愿在无形的、长期的且不能取得立竿见影效果的系统工程上费钱、耗时，影响及于包括水土保持在内的灾害防范工作。

---

① 参见朱爱群：《危机管理：解读灾难迷咒》，台北：五南图书出版股份有限公司，2002 年版，第 297 页。

② 李宗勋：《网络社会与安全治理》，台北：元照出版有限公司，2008 年版，第 230 页。

而在各层级政府关系问题上，多年来业已形成的层级节制式的行政管理体制，致使"中央"救灾体系资源充足，乡（镇、市）公所却常在重大灾害到来时就直接受创，既无专责救灾人力资源，又缺乏物资及经费，直接制约了社区灾害应急管理能力的发展。当灾害发生时，又因为"中央"与地方产生断层而无法使救灾资源及时到位，即"中央"层级政府部门虽然拥有丰富的资源，但无法及时分发给地方，进而造成地方无法拥有足够的资源因应救灾，丧失救援的黄金时段，致使社区灾害后果扩大。

"自然灾害是自然和社会两种力量相互作用的结果，其影响可以通过个人和社会的调整来减轻。"[1] 在人与自然的矛盾和对立中，有时需要人类作出让步。因为人处于主导地位，自然环境主要的变化是由于人类活动引起的。"这种妥协和让步是一种调整，即调整人类行为"[2]。其中，由于社区对人类行为潜移默化的影响，社区灾害应急管理对于整个社会的灾害防救活动也就具有举足轻重的作用。对此一观点的体认和实践，在台湾经历了一个较长的历史过程。

---

① 丹尼斯·S.米勒蒂：《人为的灾害》，武汉：湖北人民出版社，2004版，第1～2页。

② 钱俊生、余谋昌：《生态哲学》，北京：中共中央党校出版社，2004年版，第284页。

第二章　台湾社区灾害
应急管理的历史发展

    台湾社区灾害应急管理是整个台湾地区灾害防救体系中的一个重要组成部分，同时又与台湾社区发展的历史推进紧密相连。从无正式法令规范到"灾害防救法"后的有法可依，再到"社区防救灾总体营造实施计划"的推行，初步形成制度化体系，并在实践检验中，不断调整。从而印证了灾害应急管理"是一个生生不息的学习过程"[①]，呈现出鲜明的进步特点。

    从时间纵轴上看，台湾社区灾害应急管理的历史发展可分为 5 个时期：1994年之前，萌芽时期；1994 年至 2000 年，开始形成时期；2000 年至 2002 年，初步形成时期；2002 年至 2010 年，推动发展时期；2010 年至今，重大调整与继续检验时期。

表 2-1　台湾社区灾害应急管理发展脉络一览表

分期	法律规章	主政机关	主要特征	推动事件
1994 年之前	"防救天然灾害及善后处理办法"	警察部门	以事后抢救灾害为主要任务，主力为警察和军队。政府与民间多数并无具体防灾观念，尚无整体的灾害应急管理阶段的概念	"八七"水灾、白河地震
1994～2000 年	"灾害防救方案"	"消防署"	确立四层级灾害防救体系，明确制定了灾害应急管理的基本方针，提出建立全民防灾组织、进行都市防灾规划以及推动防灾科技研究等目标，灾害防救基本对策开始具备前瞻性思考	美国洛杉矶地震与日本华航空难事件

    [①] 余君山：《高雄县灾害应变中心危机处理之探讨——以莫拉克风灾为例》，台北：台北大学公共行政暨政策学系硕士论文，2011 年 7 月，第 18 页。

（续表）

分期	法律规章	主政机关	主要特征	推动事件
2000～2002年	"灾害防救法"	"消防及灾害防救署"	明确灾害种类和专管机关、政府分工及权责、各级灾害应变中心设置及运作、拟定灾害防救基本计划以及建立三层救灾体系，灾害应急管理体系与机制的设计与建构已大致完备，成为台湾社区灾害应急管理的一个重要法源，法中所列工作重点及各工作项目中即包括社区防救灾工作的推动	9·21震灾
2002～2010年	"社区防救灾总体营造实施计划"、修正"灾害防救法"	"消防及灾害防救署"	为增强社区居民防灾意识，使社区有能力进行自我减灾、避灾、抗灾与重建。由"灾防会"与"9·21重建会"主导，委托具有社区营造、防灾工程与应变救灾专业技术的大学院校与社区规划师组成专业团队，运用社区工作的专业方法，实施社区防救灾总体营造计划，整合社区内外资源，初步构建起台湾社区灾害应急管理的网络机制	八掌溪事件、SARS、每年都有多个台风登陆、都市水患、火灾、"八八"水灾
2010年至今	修正"灾害防救法"	"灾害防救署"	当局高度重视，行政主管部门高度警戒，社区灾害意识普遍提高，灾害应急管理工作得到民众积极配合，得以顺利实施	极端气候

资料来源：作者自行整理。

一、萌芽时期

台湾社区发展始于20世纪60年代中期。在这之前，自然谈不上有什么社区灾害应急管理；但在这之后的很长一段历史时期内，亦无社区灾害应急管理的概念。

有关台湾灾害防救的行政机制，可追溯至1965年5月，"台湾省防救天然灾害及善后处理办法"颁布实施，以及设置"天然防救编组"。1965年之前，台湾并无相关的灾害防救法令或规章，如遇重大天然灾害，如1959年的"八七"

水灾与 1964 年的白河地震均由当时的台湾省政府与"中央"政府指挥军警与行政机关人员进行紧急应变、危机处理与重建的工作,工作的重点在于灾后抚恤。

1965 年以后,根据"防救天然灾害及善后处理办法",于台湾省及台北市、高雄市设有临时性救灾指挥中心,以处理紧急情况的发生。该办法中所指"天然灾害"与现今"灾害防救法"涵盖的范围不尽相同,只包含风灾、水灾、震灾,且只着重于天然灾害发生后的处理,由各部门临时编制,并由各厅局处的首长临时担任召集人,来协助灾害抢救的工作。由于是非常设性机构,灾害抢救结束后,组织便行解散。

该办法最高层级为台湾省灾害防救会报,由省府秘书长担任召集人,省警务处长担任副召集人,并于警务处内设置省综合防救中心处理灾害紧急防救事宜。地方县(市)则成立防救灾指挥部,由县长担任指挥官,警察局长担任副指挥官,并受会报的指挥监督,进行灾害防救及灾后处理事宜。乡(镇、市)则成立乡镇防救灾执行中心,由乡(镇、市)长担任主任,民政科长与分驻所所长为副主任,受防救灾指挥部的指挥监督,执行灾害防救事宜。

整个台湾的灾害防救体系在 1994 年前,并无高层级的防灾组织体系,仅有台湾省及台北、高雄两市依据"防救天然灾害及善后处理办法"规定,定期召开防灾会议,但由于缺乏高层级单位加以管制及监督,其成效相当有限。虽然消防单位也于每年 5 月台风季节前召集各单位举办协调会议,但对于防灾业务的推展并无实质性的成效。

此期的灾害应急管理以事后抢救灾害为主要任务,主力为警察和军队。政府与民间多数并无具体防灾观念,对于自然灾害,总抱持兵来将挡水来土掩的心态收拾残局,尚无整体的灾害应急管理阶段的概念。

二、开始形成时期

直至 1994 年 1 月 17 日美国洛杉矶发生大地震,造成重大损失。台湾"行政院"以此为警鉴,先后派遣官员赴美考察,参考美国在预防重大灾害时的设施、编组、演练、宣导、教育、医疗体系、衣食住行等各方面应对举措,研商拟订"天然灾害防救方案"。在草拟过程中,日本发生名古屋华航空难事件(4月 26 日),"行政院"认为日本当局应变处置适当,值得学习,遂取法日本处理各项灾害应变与措施的经验与方式,将"天然灾害防救方案"扩大为可运用于各种天然灾害与人为灾害的"灾害防救方案"，逐步拟定了灾害防救法规、建立灾害防救组织体系及整体防救计划与执行的各项措施。经过多次审查会议，同年8月4日，"行政院"以行政命令正式函颁"灾害防救方案"，同时亦设立"消防署"筹备处。次年3月1日，正式成立"消防署"，主管消防救灾业务。

依据"灾害防救方案"，台湾灾害应急管理的最高层级为"行政院"设立的"中央防灾会报"，其召集人由"行政院"院长担任，是一个由行政官员与学者专家组成的任务编组，负责灾情的统筹处理。地方防灾会报分为3个层级，分别为省（市）、直辖市县（市）及乡（镇、市），由各层级行政首长担任召集人，设置秘书1人，干事若干人，以处理相关事务。以上各层级的防灾会报皆属于临时任务编组，而其相关的作业程序在"中央"由"内政部消防署"负责，在地方则交由各地的消防局兼办。在平时，地方政府便依照"灾害防救方案"所规定的相关权责，进行灾害预防工作。当灾害一旦发生或有发生之虞时，各层级的行政管理部门应成立灾害应变中心，而各灾害相关机关及公用事业，均应在内部成立紧急应变小组，以执行灾害应变中心所交代的各项灾害应变措施。针对灾害类型不同，"行政院"还订定出各相关主管机关对于不同类型灾害的职责，以确保各部门及有关单位能加强灾害防救工作。

表2-2　台湾灾害应急管理在"灾害防救方案"时期的四级体系

层级	防灾会报	救灾指挥组织
"中央"	"中央防灾会报"	"中央灾害应变中心"
省、直辖市	省（市）防灾会报	省（市）灾害应变中心
县、县辖市	县（市）防灾会报	县（市）灾害应变中心
乡（镇、市、区）	乡（镇、市、区）防灾会报	乡（镇、市、区）灾害应变中心

资料来源：马士元：《整合性灾害防救体系架构之探讨》，台北：台湾大学建筑与城乡研究所博士论文，2002年，第136页。

为落实防灾计划的执行，提升灾害应变能力，1995年3月"行政院"又于第一次"中央防灾会报"中订定"防灾基本计划"，各相关部门依"防灾基本计划"就其所掌管事务或业务订定"防灾业务计划"；省（市）、县（市）及乡

（镇、市、区）防灾会报依"防灾基本计划"及"防灾业务计划"订定"地区防灾计划"，内容包括：该地区有关防灾措施、情报搜集传达、预警、灾害应变复原与重建对策等计划，以及防救设施、设备、物资、基金的准备、调度、分配、输送、通信等相关计划。

"灾害防救方案"发布后的5个月，即1995年1月17日，日本大阪神户地区发生重大地震灾害，国际为之震撼。台湾行政部门随即参考日本的地震救灾状况，强化该方案的部分内容。为健全灾害防救法令及体系，"行政院"要求"内政部"尽速会同有关机关研拟"灾害防救法"草案，并于1995年11月送入"立法院"进行审议。在此法案完成立法前，当时的各相关部门、省市政府均以"灾害防救方案"为据，依法落实并厘清相关单位的权责分工，执行、推动灾害防救工作。台湾省政府即依据方案中的相关规定，按灾害种类由不同单位负责设置防救中心，如台风、暴雨、地震、火灾及爆炸灾害属消防处；旱灾、矿灾、建筑工程及维生管线属建设厅；交通工程事故属交通处；化学灾变、核事故则属环保处负责设置防救中心。

与以往有关灾害防救的行政命令相比，"灾害防救方案"是一个极大的进步，主要表现在：

（1）确立了"中央"、省（市）、直辖市县（市）及乡（镇、市）的四层级灾害防救体系，明确制定了灾害应急管理的基本方针，使台湾地区防救灾组织体系及计划层次较为明确。

（2）扩大了台湾灾害防救的范围，从单纯的天然灾害扩充为包括风灾、水灾、震灾、旱灾、寒害、疫灾、重大火灾、爆炸、公用气体、油料与电气管线灾害、空难、海难与陆上交通事故、毒性化学物质灾害及其他由"中央"主管机关公告认定的重大灾害。

（3）灾害防救的整体概念架构开始系统化，从过去单纯注重灾害抢救，调整为涵括灾害预防、灾害应变及灾害善后复原重建等灾害应急管理的三个阶段。

（4）为下一步制定"灾害防救法"母法与修订相关法规，提供了依据与讨论基础。

（5）提出了建立全民防灾组织、进行都市防灾规划以及推动防灾科技研究等富有远见的目标，灾害防救基本对策开始具备前瞻性思考。

就都市社区防灾体系而言，早在1975年5月29日，"内政部"就发布了

"都市计划定期通盘检讨实施办法"，后历经多次修正，共计 7 章 49 条，包括总则、条件及期限、公共设施用地的检讨基准、土地使用分区的检讨基准、办理机关、作业方法、附则等多方面具体规定，其中，1997 年增订第 7 条规定："都市计划通盘检讨时，应就都市防灾避难场所、设施、消防救灾路线、火灾延烧防止地带等事项进行规划及检讨"①，进一步要求都市计划必须针对都市防灾空间的避难场所和路线以及防灾设施进行规划设计。

由上可见，台湾地方政府在此期的灾害防救体系中，对社区灾害应急管理有所关注。尽管在实际运作中，社区防救灾工作倚重消防机关，而消防单位的紧急应变及抢救仍以火灾为主，但已具备了灾害预防的观念。随着 20 世纪 90 年代蓬勃兴起的社区总体营造运动，民间自卫队（已转型为睦邻救援队）、凤凰志工、睦邻救援队等社区团体组织起来，参与训练，已成为灾时应变及抢救的社区主力，而台北市、新竹市等地还于 1999 年推行了社区规划师制度，协助社区居民规划社区空间，从居住环境上回避社区灾害风险。这都为台湾社区灾害应急管理奠定了良好的社会基础。

三、初步形成时期

"灾害防救方案"的具体执行成效，至贺伯风灾发生后，才第一次接受高强度与高密度灾情的检验。1996 年的贺伯台风是台湾电子媒体全面解禁以后所爆发的第一个重大天灾，也是自 1959 年"八七"水灾以来最大的气象灾害。由于南投灾区位处深山，遇灾后通信完全中断，属于封闭性灾区，灾情判断困难，因此在救援部队的动员、救灾物资集结等灾变处理中，从未发生的问题一下子全都出现了。

尽管"灾害防救方案"颁布以来的第一次大规模实兵检测，成效不佳。但正是因为有了贺伯、温妮等风灾经验，当 1999 年 9 月 21 日台湾遭遇百年来最大规模的地震后，相关的救灾动员单位已累积起一定的默契，在灾后第一时间，军方已主动出发救灾，大量的人力，包括政府救灾人员、企业与第三部门志工，亦即迅速涌入灾区。加之灾区主要位于中部农业地区，都市区和工业区未受到严重破坏，因此，民间义工展现出巨大的动员力量，继贺伯台风后，再度集结

---

① 转引自萧江碧：《都市老旧社区防灾规划原则及改善方案示范计划之研究——以台中市新兴、乐英及东势社区为例》，台北："内政部建筑研究所"研究报告，2009 年 12 月，第 32 页。

大批车辆与物资参与救灾工作。

相较于民间行动的迅速有效，政府部门动作迟缓，成为众矢之的。"当时，民间与媒体普遍觉得政府无能——既无政策，亦无对策"[①]，各界纷纷予以批评。

（一）9·21震灾对台湾灾害应急管理体制机制的检视

9·21大地震造成的重大损失，暴露了台湾初步建立的灾害防救体系的缺失，救灾工作出现许多盲点。当时各界检讨灾害应急管理体制机制的不足之处，主要包括以下几个共同点：

1. 灾害应急管理组织架构和运作机制尚未完全建立，各种灾害的主管机关有部分未能成立并运作灾害防救中心；参与各种"中央"灾害防救中心编组的各单位，紧急应变小组运作制度尚未建立；政府系统没有应付如此大规模灾变的经验，缺乏应变机制的操作模式，"中央防灾会报"与各种灾害防救中心的联系管道未建立起来，当灾难发生时，负责决策的相关人士并不了解状况，指挥体系紊乱，没有单一窗口可以主导整合救灾及安置作业。

2. 灾害应急管理资讯网络尚不健全，灾情通报系统脆弱。尽管贺伯风灾发生时，便有学者提出建置相关灾情通报系统的建议，但9·21震灾时，由于灾区无法传递正确的灾情而延误救灾的事件仍层出不穷。各项通信设备几乎都因电力受损而停摆，偏远山区欠缺无线电通信设备，灾区与外界形成隔绝孤立的局面，无法向外报出实际的灾情及救灾需求，以致影响后续救灾的进行。灾区的相关信息亦分散于各单位，因缺乏健全的沟通网络，造成"中央"政府不知哪些灾民需要协助，前进指挥所甚至误判灾情，以为只有南投有灾情，而耽搁了其他地区的救灾工作。而受限于断信、断路、断电等灾情，救援单位无法掌握实际伤亡情况，救援人员及物资也因缺乏运输工具，无法及时抵达现场。

3. 地方防灾会报未发挥预期功能。部分受灾乡（镇、市）的灾害应变中心，因处理大规模灾害应变经验不足，或未能有效统筹指挥、协调相关单位采取适当应变措施，或未能迅速搜集灾情综合研判，视实际灾情请求"中央"支援，导致"中央灾害应变中心"无法及时掌握各地灾情。而灾害进展相当迅速，灾害环境在快速动态变化时，充满不确定性，且无任何预警，救灾资源统合在时

---

① 林美容等：《灾难与重建——九二一震灾与社会文化重建论文集》导论，台北："中央研究院"台湾史研究所筹备处，2004年版，第9页。

间压力与资讯不足状况下，大受影响。

4.社区灾害防救能力薄弱。防灾体系内平时的人力与经费缺乏，无常设的灾害防救单位，各级灾害处理中心硬件设备不敷救灾所需，尤其到社区层面，人力物力更是匮乏，以致出现当救难人员深入灾区准备开始救人时，却发现工具不足的窘境。"至于社区的自助性社团，当日本专家来台湾考察时，曾发现这类团体的组织化程度相当低，社会弱势如失依儿童、老人、残障等，重生复原相当不易"（刘黎儿，1999）[①]。

5.赈灾物资的调度与分配缺乏预先计划，比较混乱。许多灾区需求物资经由媒体报道传播，来自全省各地的救援物资蜂拥而至，或因交通中断，缺乏运输工具，致使大量物资无法送达灾民手中；或在部分灾区堆积如山，反而耗损更多人力去管理这些救援物资，增加了整个救灾指挥系统的压力。而受限于灾区道路受损严重，许多救灾行动均需仰赖部分主要联外道路进行，大量运送物资的车辆涌入灾区，衍生另一种"非灾区性"的资源浪费，如民间交通运输成本浪费。来自各方的捐款也迅速在不同的账户中累积，充沛的民力与资源瞬间聚集。但在缺乏预先计划如何管理与应用的情况下，灾区已有资源的分配极度混乱，无法有效运用，甚至出现不当分配的问题，且不能切合实际需求等，无法直接受惠于灾民。

6.灾后重建的社会问题较多，大部分来自于房屋的破坏所衍生的个人或家庭财务危机。部分重灾区产业复苏缓慢，失业人口上升，出现社会功能失序现象。震灾过去多年后，虽然校园、家宅等的重建工作已陆续完成，优惠贷款、职业介绍等有利灾民的措施也一一实施，却还是有许多灾民仍然住在组合屋；有关单位替灾民介绍的职业不但薪资低，往往还需离乡背井；相关贷款或补助的申请，灾民限于资格常无法获益；房舍重建，受困于所有权制等法律条文而动弹不得。除此之外，重建家园对灾民造成的经济与心理压力、家庭关系的长期紧张等，都是灾难经验对人们心灵的深刻创伤，挥之不去[②]。

诸多问题背后的深层次原因牵涉甚广，但就社区层面而言，在灾害应急管理体

---

① 林美容等：《灾难与重建——九二一震灾与社会文化重建论文集》导论，台北："中央研究院"台湾史研究所筹备处，2004年版，第9页。

② 参见林美容等：《灾难与重建——九二一震灾与社会文化重建论文集》导论，台北："中央研究院"台湾史研究所筹备处，2004年版，第9页。

系中始终未受到应有的重视，成为最薄弱的环节，是该次救灾障碍重重的重要因素。

（二）"灾害防救法"的出台及其对社区灾害应急管理的规定

9·21震灾的重大教训，推动了"灾害防救法"的出台。而台湾省政府组织冻结的重大政治变动，则促使台湾政府大幅调整"灾害防救方案"所订定的四级灾害管理组织。

在社会各界对于设立专责的防救中心与专业救灾团队的呼声与共识下，"行政院"指示"科学委员会"协助"内政部消防署"对"灾害防救法"草案进一步研议、修正和补充，于灾后两个月讨论通过，函送"立法院"。历时6年研拟的"灾害防救法"母法，终在2000年6月30日获"立法院"三读通过，并于同年7月19日公布施行。

"灾害防救法"赋予台湾灾害防救体系正式的法律基础，共计8章52条，包括总则、灾害防救组织、灾害防救计划、灾害预防、灾害应变措施、灾后复原重建以及罚则与附则，是台湾在灾害防处与救援体系方面的一个统合性基本法，不仅包括天然灾害的应变处置，还包括意外灾害的防范与救助。它以"防灾一元化"与"权责相当"作为指导原则，确立了台湾"中央"、县（市）、乡（镇、市、区）三级制的防灾体系，详细规定了防灾救灾所须采取的各项措施，尤其重视事前预防（减灾）、灾前整备、灾时应变与灾后复原重建工作。相关子法亦即进入研拟程序。

根据"灾害防救法"，"行政院"设立由副院长主掌的"'行政院'灾害防救委员会"（以下简称"灾防会"），成立灾害防救科技中心，将"内政部消防署"更名为"消防及灾害防救署"，并研拟"灾害防救法"相关子法及施行细则、灾害防救基本计划等，将台湾灾害应急管理落实到制度、法制及实务层面。

"灾害防救法"明文确立了灾害种类和专管机关、政府分工及权责、各级灾害应变中心设置及运作、拟定"灾害防救基本计划"以及建立"中央"、县（市）及乡（镇、市）三层救灾体系，并要求各主政部门拟定"灾害防救业务计划"，加强人员训练，定期操练及演习，制定防救灾物资设备征购或征用等相关规定，从而显示出台湾灾害应急管理体系与机制的设计与建构已大致完备（邓子正，2004）[①]。

---

① 参见张中勇：《灾害防救与台湾"国土"安全管理机制之策进》，载张中勇、张世杰主编《灾难治理与地方永续发展》，台北：韦伯文化国际出版有限公司，2010年版，第30～31页。

　　它不仅是台湾灾害防救体系建构过程中的一块里程碑式的法令，也是其社区灾害应急管理的一个重要法源，法中所列工作重点及各工作项目中即包括社区防救灾工作的推动，涉及的法律条文主要是第 10、11、12、20、24、30、34 条，主要内容包括：乡（镇、市）灾害防救会报的任务、乡（镇、市）灾害防救会报的组织、各地区灾害应变中心的成立、各地区防灾业务计划的制定及报核程序、紧急避难的措施、通报灾情及采取必要措施的责任、请求上级机关支持灾害处理的项目及程序等，明确规定了台湾社区灾害应急管理的最基本并十分重要的工作，乡（镇、市）公所是推动台湾社区防救灾的主管机关，区则比照乡（镇、市）。

　　（三）社区重建与防灾社区发展

　　9·21 震灾后台湾社会各界逐渐在社区重建工作里意识到社区灾害应急管理的必要性。从上而下的对策，容易养成民众依赖政府的习性，使个人与社区缺乏防灾所需的知识与技能。而面对灾难时，第一线的就是个人与社区，唯有个人与社区才知道真正的防灾需求，才能将防灾的功能发挥到极致。但由于"台湾社会急剧变迁，都市居民对左邻右舍及社区之冷漠，无法达到守望相助之精神"[1]，因此，实有必要推动防灾社区建设。

　　为了有效降低灾害风险与损失，无论是政府部门、非政府组织还是民间团体，均投入了许多实质计划与行动方案，来促进防灾社区的发展。如下表：

表 2-3　关于台湾防灾社区与社区总体营造的调查

类别	单位	内容
政府部门	"内政部消防署"	"民力运用计划"
	"台湾灾害科技计划办公室"	"社区防灾与防灾社区计划"
	"农委会水保局"	"土石流灾害防救业务计划"
		"农村社区总体营造计划"
	"灾防会"与"9·21 重建会"	"社区防救灾总体营造实施计划"
	"文建会"	"新故乡总体营造计划"

　　① 朱爱群：《危机管理：解读灾难迷咒》，台北：五南图书出版股份有限公司，2002 年版，第 323 页。

（续表）

类别	单位	内容
民间重建联盟	全台民间灾后重建联盟	设置社区营造工作站（38 站）
宗教团体	基督长老教会	设置灾区关怀站（15 站）
社会福利机构	台湾社会福利联合劝募协会	联合劝募行动

资料来源：康良宇：《专业团队协助推动防灾社区之研究》，台北：台湾铭传大学媒体空间设计研究所硕士论文，2005 年，第 4 页。

台湾地方政府将社区重建列为灾后重建计划四大工作纲领之一，鼓励灾区居民由下而上参与重建工作。在社区重建与社区营造方面的推动，主要以"行政院文化建设委员会"（简称"文建会"）的"新故乡总体营造计划"及"农委会水保局"的"农村社区总体营造计划"为代表。推动防灾社区的代表，则主要有：

（1）灾害科技计划办公室的"社区防灾与防灾社区计划"，以委托大学院校的方式，对台北市明兴、兴家社区进行防灾教育训练，通过社区居民自身的参与，以灾前减灾及整备、灾时应变、灾后重建等三阶段工作，来落实社区防救灾。

（2）"内政部消防署"的"民力运用计划"和"农委会水保局"的"土石流灾害防救业务计划"，二者皆为政府主导居民进行操作，旨在灾时应变救难与紧急避难训练。

（3）"'行政院'灾防会"暨"9·21 震灾灾后重建推动委员会"（简称"9·21 重建会"）继 1999 年 11 月 9 日对灾区提出"灾后重建计划工作纲领"后，又提出了"社区防救灾总体营造实施计划"，主动出击，深入社区，推动社区培养自我抗灾、避灾、减灾的能力。"灾后重建计划工作纲领"规定：灾区视受灾程度，经由建筑物个别重建、都市更新地区、乡村区更新地区、农村聚落重建区、原住民聚落重建地区和新社区建设，进行重建工作。

在非政府组织和民间团体方面，主要代表有：（1）全台民间灾后重建联盟，协助地方团队从事灾后重建规划、社区营造、提供咨询、照顾弱势团体等工作，至 2005 年，已在台湾设有 38 个营造工作站；（2）基督长老教会，主要进行灾后心理辅导与重建、居家老人照顾、送餐服务、社区产业再造、社区文史记录等工作，也在 9·21 震灾区设置 15 处关怀站，进行灾后重建工作；（3）台湾社会福利联合劝募协会，进行社区重建资金的筹措与经费补助等事宜。

四、推动发展时期

灾害带来损伤和苦难，但也常成为促发灾害应急管理体制机制建立健全的诱因。

继 9·21 震灾后，台湾又接连遭遇了碧利斯、象神、潭美、奇比、桃芝等台风灾害和其他人为科技灾害，造成民众重大伤亡。在对历次惨痛教训的检讨中找到问题的主要症结，"来自于社区防灾能力不足"[①]。因此，基于多年来推动"社区总体营造"的经验及 9·21 社区重建的成果，思考如何有效结合灾害防救技术与公、私部门的力量，增进社区与民间组织防灾、减灾能力，并加强生态保育，降低灾害发生时的可能损失与伤害，就成为政府加强整个台湾地区防救灾体系与能力的重要步骤。

为了使防救灾观念更深入民间，同时鼓励民众主动参与防救灾工作，提升社区灾害防救能力，"行政院"于 2002 年 1 月 18 日核定颁布"社区防救灾总体营造实施计划"，由"灾防会"与"9·21 重建会"共同推动。

（一）"社区防救灾总体营造实施计划"的推动

1. 计划主旨：增强社区居民防灾意识，使社区有能力进行自我减灾、避灾、抗灾与重建。

2. 行动主体：办理单位为"灾防会"，主办单位包括"9·21 重建会"及各相关部门，执行单位为各乡（镇、市）公所、民间团体与学术团体，各县（市）政府则起协助作用。

3. 推动方式：委托具有社区营造、防灾工程与应变救灾专业技术的大学院校与社区规划师组成专业团队，运用社区工作的专业方法，整合社区内外资源，建立社区防救灾输送网络，凝聚社区防灾共识，激发社区居民建立自救人救的观念。

4. 推动范围：遴选位于 9·21 地震、桃芝及纳莉台风受灾地区的 10 个灾害

---

① 康良宇：《专业团队协助推动防灾社区之研究》，台北：台湾铭传大学媒体空间设计研究所硕士论文，2005 年，第 1 页。

危险敏感社区为第一期推动范围，之后再视评估绩效，推广至其他地区。

"9·21重建会"将泥石流灾区列为其防灾重点业务，除了由"农委会水保局"、"经济部河川局"、乡公所分别进行野溪整治、拦沙坝、河堤等公共工程的整建与新建外，"重建会"则从软件入手，研拟"'行政院'9·21重建会社区防灾、减灾总体营造实施计划"，办理"'行政院'9·21重建会社区总体营造防灾社区试办点"方案实施计划，选定9·21重建区内6个社区——南投县信义乡丰丘村及地利村、云林县古坑乡华山社区、台中县东势镇庆福社区、南投县鹿谷乡内湖村及水里上安村，作为试办点。"灾防会"则选定台北县汐止市城中城社区、花莲县光复乡大兴村、万荣乡见晴村和凤林镇凤义里等4个泥石流及水灾受灾社区。后来增设的南投县竹山镇木屐寮社区则由"重建会"办理。

5. 后续进展：在试点社区取得了一定的成效。但由于政府财政不足，"社区防救灾总体营造计划"在实施一年后就中止了。

（二）"灾害防救法"修正

为适应灾害应急管理的新挑战，"灾害防救法"在颁布后即不断进行修正：2002年5月29日增订第39条之1。2008年5月14日增订第37条之1、第37条之2及第43条之1条文；删除第29条、第39条之1及第42条条文；并修正第2条、第3条、第13条、第22条、第23条、第24条、第27条、第31条、第32条、第33条、第36条、第38条、第39条、第40条、第46条、第49条及第50条条文。

依据"灾害防救法"第12条规定：为预防灾害或有效推行灾害应变措施，当灾害发生或有发生之虞时，直辖市、县（市）及乡（镇、市）灾害防救会报召集人应视灾害规模成立灾害应变中心，并担任指挥官。前项灾害应变中心成立时机、程序及编组，由直辖市、县（市）政府及乡（镇、市）公所定之。位于第一层级的乡（镇、市）地方灾害应变中心，若是没有能力处理灾害，可向直辖市、县（市）层级灾害应变中心请求支援，后者则提供救援帮助。

而为了快速且有效地执行各级"灾害应变中心"所下达的各项紧急应变措施，依据第14条规定，灾害防救业务计划及地区灾害防救计划指定的机关、单位或公共事业，应设紧急应变小组，执行各项应变措施。紧急应变小组成立的时机可分为两种：

（1）当灾害规模尚未构成"灾害应变中心"成立的要件时，"灾防会"、"中央"灾害防救业务主管机关或各级地方政府可先行成立紧急应变小组，迅速处理整备及紧急应变事宜。

（2）当"灾害应变中心"成立时，各任务编组单位应于内部成立紧急应变小组，执行灾害防救计划规定事项及"灾害应变中心"交付的任务。其组成人员为单位编制人员、依契约聘雇人员、临时性劳务人员等。公营事业如台电、自来水等公司，民间单位如台湾红十字会等，也是救助灾民不可缺少的力量。至于提供专业咨询的专家学者，如接受政府邀请加入紧急应变机制内，亦为灾害应急管理的重要力量，为台湾社区灾害应急管理提供助力支持。

（三）台湾社区灾害应急管理的主要障碍

台湾社区防救灾总体营造计划的实施，是一个短期的政府政策推动行为。各专业团队根据政府经费支持力度、自身的专业背景及资源网络，在所选择的若干社区中进行了时程不一的社区防救灾教育、培训、组织建设等活动，初步探索了台湾社区灾害应急管理的组织、机制等方面问题，属试点式的推动，具有典型特色。无论是在计划实施的社区中还是就普遍意义上的社区而言，社区灾害应急管理在此发展阶段中均存在诸多障碍，亟待克服。

根据陈亮全在2002年《社区救灾的推动》研究中发现，台湾社区灾害应急管理工作中存在的主要障碍在于：（1）现阶段社区民众尚普遍缺乏危机意识，甚至不愿面对灾害。加上灾害防救的学习与实践操作，并不能立即产生显性效果，因此，民众参与意愿低，对灾害及其防救的基本知识掌握不足，认知浅薄。（2）台湾的社区防灾在现阶段仍需更积极的投入。无论在观念的推动，相关知识技术的开发与学习、人员的培训、组织的建立等，都尚待加强。（3）在推动社区防灾方面，专业或学术团体的协助与行政部门的支援之间连结不够紧密[①]。

丘昌泰等（2003）在研究纳莉风灾时得出几项成果报告，其中特别指出台湾社区网络欠缺防灾救灾的意识，并且政策倡导不足，社区灾害应急管理能力不足，主要表现在：灾害发生以前，当地社区居民毫无防灾意识，欠缺自救能力；当灾害发生后，部分民众以死守家园的态度不愿配合救灾人员疏散撤离，影响救援速度；至于灾后的复原重建方面，有部分民众欠缺公德心，抱着"捡便宜、搭便车"心态，于灾后清理市容期间，趁机丢弃杂物，垃圾堆积如山，

---

① 参见詹中原等：《政府危机管理》，台北：空中大学，2006年版，第329页。

影响救援工作，甚至些许民众抱持看热闹的心态，大大影响协助救灾者的工作士气①。

丘昌泰（2003）则以纳莉台风为例指出风灾发生时，台北市政府的救灾人力与机具存在严重不足的问题，特别是负责救灾的消防局，目前市区分为 3 个消防大队，消防中队并非依行政区而配置，一个中队负责两个行政区，当灾害同时发生在多个地方时，救援人力与水灾所依赖的橡皮艇、汽艇则显得相当不足。部分区公所也未在灾害来临前先将物资放置于收容处所，致使收容民众后，却无救济物资可供应。部分社区虽然事前存放物资于安置场所，但数量不够，又因淹水的速度太快，使得救济物资的运送产生相当的困难。有的社区收容所的选择并未考虑地势高低与距离远近而设置，使得部分收容所无法发挥功能，部分收容所地势太低以致淹水而需搬迁，部分收容所距离民众较远，因处处积水，且风狂雨骤，民众无法前去，只能就近到未淹水的大楼或楼上邻居避难。施邦筑（2003）也指出：在推动社区安全与防灾社区过程中，最主要的问题在于社区持续力不够，一旦外部资源中断，就难以自我承接继续推动。政府在这个过程中如果不能担当催化或促成者作用，一旦政府的资源抽离或终止时，民间不是没有能力维系，就是没有意愿接手②。

在台湾社区灾害应急管理仍属初级阶段，以社区为主体的灾害防救主张尚属"理想多于实践"③的时期，如何强化社区内部风险意识、社区防灾自救知识和能力的培训与建立并催化产生集体行动，成为政府部门、社区组织、专业团队和民间团体在推动社区灾害应急管理时，首先需要反思与面对的挑战。而通过积极参与国际社会的安全社区认证活动，台湾社区发展的这一瓶颈问题得到了一定程度的解决。

（四）国际安全社区认证

"'安全社区'的雏形始于 1970 年代北欧国家瑞典的社区实践，后经世界卫

---

① 参见邱志淳、杨俊煌：《台湾灾害管理机制之探讨——以莫拉克台风事件为例》，载赵永茂、谢庆奎等主编《公共行政、灾害防救与危机管理》，北京：社会科学文献出版社，2011年版，第 60 页。

② 参见詹中原等：《政府危机管理》，台北：空中大学，2006 年版，第 329 页。

③ 詹中原等：《政府危机管理》，台北：空中大学，2006 年版，第 330 页。

生组织（WHO）的持续推动而发展成为全球运动。"[1] 截至2010年年底，全世界获得"安全社区"认证的社区共有233个。其中，中国大陆有33个，台湾地区有18个[2]。

1987年，世界卫生组织为了推动"人人都健康（health for all）"的宗旨，发展了"安全促进"的观念，范围包括个人与社区。"安全"（safety）不仅仅是实体的"安全"（security），不只是"无伤害"而已，更涵括生理的、心理的、社交的、心灵的等各方面需求，要能免于冒受伤之险及免于可能受伤的恐慌。

世界卫生组织所属的"预防伤患与暴力处（Department of Injuries and Violence Prevention）"于1989年9月在瑞典斯德哥尔摩（Stockholm）举行第一届意外及伤亡预防世界会议，"安全社区"（Safe Community）成为共识，主张"所有人类均享有同等权利去获得健康及安全的生活（All human beings have an equal right to health and safety.）"。以此理念为根基，世界卫生组织致力于推动事故预防与伤患控制，并设置"社区安全促进合作中心（collaboration centre on community safety promotion）"，在全球范围内推动建构与认证安全社区，通过举办各项有意义的研究工作与活动，成功地把安全社区理念与活动网络推展到全世界。

依照"社区安全促进合作中心"规定，安全社区必须符合六大标准：①具备一个基于伙伴和合作关系、负责推动社区安全促进工作的跨领域团体来治理的基础架构；②推行长期性和可持续性的安全项目，这些项目要覆盖所有年龄和性别的社区成员和各种环境及情况；③具有针对高危险人群和高危险环境以及提高弱势群体安全水平的预防项目；④具备记录分析伤害发生的频率及其原因的机制安排；⑤具有评估安全促进项目内容、执行过程及改善效果的方法；⑥持续性地参与国内和国际安全社区网络的活动等。

由此可见，安全社区不是一个结果，而是一个进行式的运动。被认证为安全社区并不仅仅代表一个安全水准而已，而是指社区有很强的建构安全意念，

---

① 李程伟：《社区安全治理机制的建设——台北市内湖社区安全促（协）进组织案例研究》，北京：北京航空航天大学学报，2011年第3期。

② 转引自李程伟：《社区安全治理机制的建设——台北市内湖社区安全促（协）进组织案例研究》，北京：北京航空航天大学学报，2011年第3期。

除了社区内每个人以身作则外，通过社区领袖、社会服务机构从业人员、企业雇主与雇员、警察、消防与安全专业人员等自发性组织与横向联系，协调整合社区内各类资源，共同为减少各种意外或故意性伤害，建设社区安全文化，营造更安全的环境，促进人际和谐，增进每个人身体、心理与社会的全面安适。它是"一种民主协商机制，是'扁平化'的终身学习功能，是一种以大家的生命与生活相关的知识为基础的共同决策"①。

台湾安全社区推广计划开始于 2002 年 7 月，由"卫生署国民健康局"以及"事故伤害预防与安全促进学会"合作规划。至 2010 年通过国际认证的安全社区计有：2005 年 10 月通过的台北市内湖、台中县东势、嘉义县阿里山南三村、花莲县丰滨，2008 年 11 月通过的台北市中正区、台中县石冈乡、花莲县寿丰，以及 2009 年 12 月通过认证的高雄市原生植物园区、嘉义县新港社区、台中县和平乡、宜兰县冬山乡等 11 个社区。2010 年 11 月尚有 4 个社区进行第二次认证（每五年须再认证一次），台北市信义区、南港区、文山区与大同区将寻求认证通过②。2005 年台湾"行政院"推动"台湾健康社区六星计划"，以产业发展、社福医疗、社区治安、人文教育、环境景观、环保生态等六个方面，作为整体社区营造的发展目标。"内政部"即函颁"辅助社区治安守望相助队作业要点"，作为推动社区治安的主要策略。

台北市内湖区是台湾第一个都市型安全社区。经过 5 年的计划滚动发展和安全水平提升，2010 年向世界卫生组织提出再认证申请，11 月 10 日再获授证成为国际安全社区的一员。世界卫生组织安全社区国际认证范畴大致涉及九项安全领域：公共空间安全、校园安全、居家安全、交通安全、水域安全、儿童安全、老人安全、运动安全、蓄意暴力预防等。内湖安全社区暨健康城市促进会则针对区内特性与安全需求，认证前即确立并推行了 6 项安全健康议题——居家安全、交通安全、学校安全、消费职场安全、救援及休闲运动安全、蓄意性伤害防治，认证后延伸至 10 项——增加了家户联防、病人安全、农药用药与

---

① 李宗勋：《网络社会与安全治理》，台北：元照出版有限公司，2008 年版，第 228～229 页。

② 参见李宗勋：《从社会经济脆弱因子探讨建立社会或公民参与危机管理的机制》，载赵永茂、谢庆奎等主编《公共行政、灾害防救与危机管理》，北京：社会科学文献出版社，2011 年版，第 243 页。

食品安全和拯救地球等议题①，内容涵盖衣食住行各方面，形成了一个包含有防灾社区在内的较大范畴体系，体现出鲜明的全球化与本土化特质。

"优质安全社区为台湾社会安全力量的来源，不能仅从治安的角度思考"②，其他防灾系统，如自动瓦斯读表、遥控开关、SARS病患自动监测血压体温、环境卫生与流行病传染的通报与监控、人为与天然灾害的救助、生态环境保护等等，皆与社区安全相关。在社区治理中，重视强化民间力量的投入，提升居民对社区事务的参与意识，政府部门则居于辅助、服务的立场，尊重社区居民的自主经营空间，让社区自发提升与营造，自我构筑灾害防救的第一道防线。

五、重大调整与继续检验时期

大规模灾害除造成外显可见的物理性破坏外，"同时也引发政府行政体制等隐性机制变化"③。重大灾害事件的发生，是灾害应急管理体制机制改革的重要助力。这种用教训来换取的历史进步似乎是一种讽刺，但又确实存在于社会发展过程中。

客观地看，台湾社区灾害应急管理自9·21震灾以来，经过社区防救灾总体营造与国际安全社区认证等多方面的历练，有了很大提高，但在"八八"水灾的考验中仍旧暴露出诸多不足，促使台湾政府就法律和实务操作等层面对社区灾害应急管理作出重大调整，并继续接受检验。

（一）"八八"水灾对台湾社区灾害应急管理的检视

1. 进步之处

（1）在台风到来之前，采取了一定的灾害预防措施。灾害管理部门协调各县（市）对社区区域排水及未完成的防汛工程采取预先准备与保护措施，并预先规划台风过后的社区灾后复建，以避免过去因行政程序繁琐，浪费时间，导致重要的防汛及灾后复建工作遭到耽搁等方面教训。为避免莫拉克台风带来水

---

① 参见李程伟：《社区安全治理机制的建设——台北市内湖社区安全促（协）进组织案例研究》，北京：北京航空航天大学学报，2011年第3期。

② 李宗勋：《网络社会与安全治理》，台北：元照出版有限公司，2008年版，第90页。

③ 陈稔惠：《灾害应变制度之研究——以"中央"与地方关系为主题》，台北：东吴大学法律学系硕士在职专班法律专业组硕士论文，2010年，第11页。

患，"水利署"准备了700多台大型抽水机，同时顾及3公分以下积水，大型抽水机无法抽出的问题，还准备了3至6吋的约700多台小型抽水机随时待命。

（2）建立起防灾资讯系统。以高雄市为例，灾变中心在通信设备上拥有卫星电话、无线电、市内电话与行动电话，现场通信指挥车暨整合平台等，并设有一套防灾资讯系统，提供灾变中心内的各个单位作参考。偏远的山区乡镇公所亦设置了卫星电话。

（3）根据"'内政部社会司'危险区域因应天然灾害紧急救济物资储存作业要点"，针对偏远山区可能因为道路中断造成粮食断炊的问题进行预算编列，提供乡（镇、市）公所储备物资，并与厂商订定开口合约，提供矿泉水、泡面、干粮等民生必需物资，以供社区民众于灾害中紧急避难所用。

（4）以原乡安置、就地安置为主，规划收容安置计划。将安置中心设在乡（镇、市）的活动中心或是学校，再检视是否符合安置需求。若不符合，便呈报县（市）政府，并予以编列经费补助，加强内部设施。

2. 不足之处

（1）组织层面

①相关救灾单位缺乏一个强而有力的整合体系，各自为政，降低了救灾效率。任何灾情陈报都需要由"灾害应变中心"汇整、研判后才能作出处置命令。而"灾害应变中心"属于临时编组而非常设机构，从各单位调派人员进驻后，在各方面都需要经过摸索之后方能缓慢上手，因而拖延救灾时效。消防、警察、民政三大体系组织架构不同，当灾害发生时，在横向联系上无法发挥立即性的支援效应。地方政府对于救灾程序不甚了解，不知道正确联络的对口单位为谁。民间团体在灾后抵达现场后，也因为缺乏统一的指挥，无法将力量整合，只能各行其是，没有效率地在现场接受民众请托、帮忙。

②多数县（市）未设置灾害应急管理专责单位且名称不一，不仅无法落实灾害防救工作，且造成联系与协调等方面的困难；亦未设置"灾害防救专家咨询委员会"，无法提供灾害防救专业咨询建议；"灾害防救会报"、"动员准备业务会报"与"全民战力综合协调会报"缺乏有效连接，亦未能很好地进行全民动员，不利于社区平时减灾与防灾以及灾时应变与抢救。

③乡（镇、市）公所防救灾功能不彰，无法落实及时疏散撤离机制，收容安置整备能量不足，救援物资整备分配欠佳，更常因本身受损严重而无法发挥

应有的救灾功能[1]。

④未能确实建立全局性民间救援网络并详细掌握民间团体的特性及专长，致使灾害发生时，无法迅速据以分工协调，整合民间资源[2]。

（2）技术与信息层面

①各级灾害处理中心的硬件设备不能满足救灾实际所需。"灾害应变中心"竟然没有完整的灾区地图，造成指挥系统混乱。灾防微波通信系统虽已建置完毕，且购置十余部现场通信指挥车暨整合平台，但因其性能设计无法符合实际状况而闲置。现场指挥车辆及救难人员亦因灾区道路中断而被迫自行寻找替代道路，延迟救援时间。在各类通信设备中，因为无线电基地台被泥石流冲毁，灾害初期也只有卫星电话可用，偏偏又有部分乡（镇）灾害应变中心缺乏能熟练操作卫星电话的人员。村（里）长的通信设备则只有家里的电话跟手机，政府并未给村（里）长配置如警察、消防系统所用的无线电设备[3]。通信设备不足，道路抢通速度缓慢，多数灾区进不了，灾区通信完全中断，救援组织无法了解新的灾情和灾民需要，致使救灾行动速度缓慢并具有一定的盲目性。

②行政部门未于第一时间建立灾情通报网，使得许多受困在山中的灾民，只能通过新闻台的 call-in 节目，来举报自己或者家人受困的地点[4]。官方灾情通报渠道一度处于瘫痪状态，民众的求救信息、受灾情况无法送达灾害指挥中心，而政府的施救信息、资源调度信息等也无法及时传递出来。为了救人与自救，广大民众自发行动起来，借助博客、聊天工具，甚至架设网站等手段，搜集和传递灾情。这样虽有助于弥补灾害信息的供给不足，但也可能带来负面影响。由于缺乏可靠而稳定的信息来源，政府和灾民无法准确判断灾情的最新进展情况。加之信息来源不够权威，极易导致谣言四起，使公众陷入恐慌之中。

---

① 参见熊光华等：《台湾灾害防救体系之变革分析》，载赵永茂、谢庆奎等主编《公共行政、灾害防救与危机管理》，北京：社会科学文献出版社，2011 年版，第 17 页。

② 参见熊光华等：《台湾灾害防救体系之变革分析》，载赵永茂、谢庆奎等主编《公共行政、灾害防救与危机管理》，北京：社会科学文献出版社，2011 年版，第 17 页。

③ 参见余君山：《高雄县灾害应变中心危机处理之探讨——以莫拉克风灾为例》，台北：台北大学公共行政暨政策学系硕士论文，2011 年，第 89 页。

④ 参见李长晏：《从多层次治理解构"八八"水灾之政府失能现象》，载张中勇、张世杰主编《灾难治理与地方永续发展》，台北：韦伯文化国际出版有限公司，2010 年版，第 154 页。

③不同单位的防救灾通信资源也待整合。气象、水文、地质、农业等部门数据获取不全面，相关信息整合不够，缺乏一套健全可靠的防救灾通信系统，进而影响正常决策的作出。

（3）机制运作层面

①防救灾演习方面的不足：防救灾演练多在县（市）层级进行，乡（镇、市）缺乏经费与专业人才，综合演习机会很少，社区组织及民众对基本的防救灾设备操作不够熟练。高雄县民众在接受学者访谈时即反映："在这次风灾之前，卫星电话通常都是跟山区公所进行测试时才会使用到，但是当风灾发生后才发现卫星电话若是没有常常去使用，只藉由一年一次的教育训练，等到遇到灾害时才发现不太会使用。在风灾发生的当下也才意识到卫星电话装设地点的重要……"[①]

②灾情查报训练方面的不足：由于消防勤务、救护勤务、警察勤务、侦防勤务等专业训练的排挤效应，灾情查报的训练明显不足，无法满足灾情专业职能的养成，沦为只是例行文书作业与报告的形式课程。在灾害发生时，因为事权不统一造成灾情传递与通报问题重重，效率不彰。

③灾害预警方面的不足："气象局"的预报未能发挥预警作用，"水保局"预警不够全面，对小林村野溪发布"发生泥石流灾害潜势低"警告，但对真正的祸首献肚山崩山却全无预警。对小林村村民来说，灾害发生之前，就有当地受过观察泥石流训练的义工回报当地雨量已达到1100毫米，红色泥石流警戒发布后，"水保局"虽曾多次下令立即撤离，村长也以广播通知全村，但是效果不彰。由于村长的执行权力有限，也无勒令居民撤离的法规依据，最终造成不可弥补的悲剧。

④灾后安置方面的不足，主要是在临时安置的第一时间未考虑到家庭、部落、宗教等方面的问题，使灾区民众在获救后经受了二度伤害。而在再安置时，行政程序繁琐，使急于逃难而来不及从家带出身份证明的灾民遭遇身份认定障碍，能够证明其身份的村（里）长或乡长大多在山上帮忙救灾，无法下山帮忙辨识身份，从而延迟了灾民入住收容所的时间。

---

① 余君山：《高雄县灾害应变中心危机处理之探讨——以莫拉克风灾为例》，台北：台北大学公共行政暨政策学系硕士论文，2011年，第89页。

（4）社区民众层面

作为社区灾害防救工作的关键行动主体，部分民众的灾害意识依然不强，既不清楚自己居住的社区有哪些潜在灾害，遇到灾害时可到何处避难，又心存侥幸或盲目乐观，以致灾害降临时手忙脚乱，造成更大的损失。仍以小林村为例，有报道称，在小林村惨遭灭顶之灾前，尽管前一天晚上村里已经进水，并已感觉到有落石、塌方，但仍没有人弃家逃走。直至第二天凌晨，有村民发现村旁的山即将崩塌，大家才夺门而出，但为时已晚，终遭厄运。而在台东县遭受水灾和泥石流侵袭的过程中，金帅饭店倒塌之时，许多民众和游客竟然聚集一旁围观，对即将到来的灾害毫无警觉之心。民众欠缺灾害意识，也是悲剧发生的原因之一。

（二）"灾害防救法"的继续修正

莫拉克风灾所带来的复合性灾害凸显出台湾灾害防救体系已无法应付大规模灾害，也暴露出社区灾害应急管理机制的不足。为加强防灾整备效能并建构更为完善的救灾体系以应付下一个灾害的发生，台湾地方政府于 2010 年 1 月 27 日和 2010 年 8 月 4 日对"灾害防救法"进行了第三次和第四次修正，为社区灾害应急管理提供了较为完备的法规基础。

第三次修法增订公布了第 47 条之 1。第四次修法修正第 3、4、7、9、10、11、15、16、17、21、23、28、31、34、44、47 条，将"行政院灾害防救委员会"改为"中央灾害防救委员会"，并设置"行政院灾害办公室"，置有专职人员来处理相关事务，将"内政部消防及灾害防救署"转型为"灾害防救署"。地方政府则设置灾害防救办公室以执行本地灾害防救会报事务，区公所得比照乡（镇、市）公所设置灾害防救会报及灾害防救办公室。部队也被纳入灾害防救体系。依据修法后的第 34 条规定：直辖市、县（市）政府及"中央"灾害防救业务主管机关，无法应对灾害时，得申请部队支援。但发生重大灾害时，部队应主动协助灾害防救。

（三）社区灾害防救意识加强与行为改进

由于有莫拉克台风应对不力以致灾情加重而备受责难的前车之鉴，近年来，台湾地方政府在灾害应急管理方面颇多改进，各级政府和民众都高度重视灾害防救工作，整个台湾的防灾观念、救灾观念及行动都出现了极大转变。

1.马英九当局高度重视。早在 2010 年，马英九参加"八八"水灾灾后重建周年座谈会时即表示：经过"八八"水灾惨痛的教训，大家要记取防灾救灾的重要，防灾重于救灾，避灾是防灾的核心工作，一旦发现有海上台风警报，就应该"超前部署、预置兵力"。每当有台风可能会接近台湾或者是西南气流可能带来强大雨量的时候，马英九本人一定会停止所有行程，立刻进驻应变中心，坐镇第一线指挥。台湾军方的态度也发生了根本改变：之前必须由地方政府提出申请，接着由军方经过层层通报，之后才会派出兵力来协助救灾；现在则是军方在第一时间预支兵力，立刻向可能成为灾区的地方派出兵力协助防灾工作。对于灾后重建，提出：淹水的问题不只着重于补助，而是希望能从根本上减少淹水发生。行政部门制定了 8 年 800 亿元的治水特别预算，3 期计划已基本完成，许多容易淹水的地区均有改善，往后仍将按照年度预算编列金额。对于农渔业灾损则依据"认定从宽"、"查报从速"及"手续从简"3 项原则尽快办理。

2. "灾害应变中心"的作业程序和理念发生了重大转变。以往"应变中心"多半只有汇报功能，如今则要求在汇报前解决所有问题，如此才能在汇报时下达精准的命令；并要在第一时间查证媒体灾情报导及处理情形，不让"八八"水灾时信息混乱的情况重演，以及时安抚民心。

3. 行政主管部门高度警戒，在灾害防御措施上哪怕过当也不容有丝毫闪失，及时发布警报，划出警戒区，并迅速撤离民众，以尽可能地降低灾害损伤。以 2012 年的苏拉台风为例，截至 8 月 3 日 14：30，"农委会水保局"已将 70 条泥石流潜势溪流列入红色警戒区，列入黄色警戒[1]的泥石流潜势溪流则有 415 条，分布在高雄市、南投县、花莲县、新北市、台北市等 19 个县市 42 个乡镇 165 个村落，撤离民众也高达 9840 人。这是继同年 6 月份因西南气流导致 6·10 水灾而撤离 8659 人以及因泰利台风而撤离 9712 人之后的又一次高效率的预防性撤离[2]。这就从一个侧面反映出台湾灾害应急管理工作的成效。

要知道，撤离民众是比停班、停课等防灾、避灾举措更为复杂、牵涉面广泛、规模一般也较大的行动，需要有缜密完善的规划、果断恰当的决策和迅速有效的执

---

① 注：台湾泥石流警戒有黄色、红色两级，由"农委会水保局"依据"'中央'气象局"雨量预测及实际降雨量，决定发布等级。黄色警戒，是指预测雨量大于泥石流警戒基准值，地方政府应发布疏散避难劝告。红色警戒是指实际降雨量已达泥石流警戒基准值，地方政府得依各地区当地降雨量及实际状况进行强制撤离及疏散并做适当安置。

② 台湾"内政部消防署"全球资讯网之历年灾害应变处置报告，http://www.nfa.gov.tw/upl.

行，不仅是对气象主管部门预测风力及雨量的准确性和相关单位地质调查的可信度的极大考验，也要求相关部门必须充分而准确地把握各项信息，包括灾害可能发生的地区和暂时迁入的地区现状、民众情况、已有的物资储备、需动用的资源和设施，等等，还需妥善做好动员、组织、协调、指挥、执行等工作，关涉到灾害应急管理这一大系统的多个环节，其成败关键就在于能否取得社区的支持和民众的配合。

4. 社区灾害意识提高，灾害应急管理工作得到民众积极配合，得以顺利实施。台湾"内政部"自 2009 年起实施"灾害防救五年中程计划"，针对泥石流潜势地区、地震等做复合式防灾规划。在近 10 年来社区防救灾总体营造与国际安全社区认证活动推展的基础上，开始推动成立自主防灾社区。如台南市政府水利局争取到"水利署"的补助，选定 7 处易淹水地点，推动成立自主防灾示范社区，绘制防灾地图，规划疏散避难路线，办理社区防汛演练，以使人人具有防灾意识，降低水灾所造成的损失。

灾害的发生在地方，最了解地方实际情况的莫过于生活在地方社区中的人们，并且，事实也一再证明，当灾害发生时，常常是当地的民众和社区内的各类组织及团体率先采取救灾行动。故此，在肯定台湾地方政府的救灾行动已经有更高效率的同时，我们也应该看到其逐步完善起来的社区灾害应急管理制度体系、组织架构与运行机制，在灾害防救中所展现出来的特有功能与不可替代的强大作用。

第三章　台湾社区灾害
应急管理的制度体系

在台湾社区灾害应急管理的制度体系中，不仅包含有关社区灾害应急管理的法律法规政策，还包括社区自治管理的条例和规则，以及社区灾害意识与风险文化等多方面内容。本章将对此进行文本叙述与规范分析。

一、台湾现行灾害应急管理的制度体系概述

台湾自"灾害防救方案"时期，即形成了灾因管理体制，不同的灾害类型由不同的行政部门主管。"由于牵涉对于灾害事件的定义日渐扩张，以及行政部门专业分工细致化的影响，对于所谓灾害防救政策与体系的定义亦伴随实际灾害事件的发生而常有所调整。"[①] 所涉及的部门与专业领域范围，以及既有与灾害防救相关的法律授权，早已超出了"灾害防救法"所规范的部分。各涉灾部门名称与法令依据及相关业务如下表所示：

表 3-1　台湾涉及灾害防救的主要部门、法令及业务对照表

部门名称		灾害防救的主要法令依据	灾害防救相关业务
"中央灾害防救委员会"		"灾害防救法"	全台灾害防救业务统筹
"内政部"	"内政部"	"民防法"、"社会救助法"	民防动员业务、灾后社会救助业务

---

① 马士元：《整合性灾害防救体系架构之探讨》，台北：台湾大学建筑与城乡研究所博士论文，2002年，第143页。

（续表）

部门名称		灾害防救的主要法令依据	灾害防救相关业务
"内政部"	"灾害防救署"	"灾害防救法"、"消防法"、"紧急医疗救护法"	防灾救灾、消防、紧急救护
	"警政署"	"灾害防救法"、"警察法"	救灾及警察权的执行
	"营建署"	"区域计划法"、"都市计划法"	开发的环境风险预防
"国防部"		"灾害防救法"、"国防法"、"全民防卫动员准备法"	支援一般灾害动员 支援反恐怖案件
"行政院海岸巡防署"		"海岸巡防法"	海难、海上空难
"经济部"	"水利署"	"灾害防救法"、"水利法"	水、旱灾
	"矿业司（局）"	"矿场安全法"	矿场安全
	水、油、气、电力事业	"灾害防救法"、"自来水法"	公共用水、气体、油料管线、输电线路灾害
	"地质调查所"	"地质调查所组织条例"	天然地变发生的研判及预防
"财政部"	"保险司"	"保险法"	灾害保险
	"金融司"	"银行法"	灾后重建金融管理
"交通部"	"电信总局"	"灾害防救法"、"电信法"	通信系统安全
	铁公路单位	"灾害防救法"、"公路"、"铁路法"	陆上交通事故
	各"港务局"	"灾害防救法"、"商港法"	海难
	"气象局"	"气象法"	气象信息发布
	"民航局"	"民用航空法"	飞航安全（行政主管）
台北捷运公司		"大众捷运法"	捷运系统意外
"行政院环保署"		"灾害防救法"、"水污染防治法"、"毒性化学物质管理法"、"环境影响评估法"、"空气污染防制法"、"废弃物清理法"、"饮用水管理条例"、"海洋污染防治法"、"土壤与地下水污染整治法"	毒性化学物质灾害开发行为的环境影响、一般环境灾害的管理

（续表）

部门名称		灾害防救的主要法令依据	灾害防救相关业务
"农委会"	"农委会"	"灾害防救法"	寒害
	各区粮管处	"粮食管理法"	紧急粮食管理
	"林务局"	"森林法"	森林保育、森林火灾
	"水保局"	"灾害防救法"、"水土保持法"、"山坡地保育利用条例"	泥石流危害
	"动植物防疫检疫局"	"植物防疫检疫法"、"动物传染病防治条例"	大量伤患紧急医疗及人类传染病疫情管制
"卫生署"	疾病管制局、各医疗机构	"紧急医疗救护法"、"传染病防治法"	大量伤员紧急医疗及人类传染病疫情管制
"行政院原子能委员会"		"原子能法"、"核子事故紧急应变法"（草案）	核子事故
"行政院9·21重建会"		"9·21震灾重建暂行条例"	9·21震灾重建
"行政院莫拉克重建会"		"莫拉克台风灾后重建特别条例及相关子法"	莫拉克台风灾后重建

资料来源：根据修订后的"灾害防救法"，修改自马士元：《整合性灾害防救体系架构之探讨》，台北：台湾大学建筑与城乡研究所博士论文，2002年，第143～144页。

这一制度体系发展至今，形成了6大灾害防救体系和4大灾害备援体系，分别是：灾害防救（"灾害防救署"与各主管部门负责）、传染病防治（"卫生署"）、动植物疫情防治（"农委会"）、核灾事故（"原子能委员会"，简称"原能会"）、信息通信安全事件（"资通安全会报与技术服务中心"）、反恐怖（"安全办公室"）等6大灾害防救体系，另有全民防卫动员准备体系（"国防部"）、民防（"警政署"）、部队支援灾害防救（"国防部"）、紧急医疗防救体系（"卫生署"）等4大灾害援助或备援体系[①]。

（1）灾害防救体系。依"灾害防救法"建构，目的在于健全灾害防救体制，

———————

① 参见张中勇：《灾害防救与台湾"国土"安全管理机制之策进》，载张中勇、张世杰主编《灾难治理与地方永续发展》，台北：韦伯文化国际出版有限公司，2010年版，第38页。

强化灾害防救功能，以确保人民生命、身体、财产的安全及地域安全，由"内政部灾害防救署"为灾害防救业务的主管机关。

（2）民防体系。依"民防法"建构民防团队，平时救灾救护，战时支援军事任务，由"内政部警政署"为主管机关。

（3）紧急医疗体系。依"紧急医疗救护法"而建构，目的在于健全紧急医疗救护体系，提升紧急医疗救护品质，以确保紧急伤病患的生命健康。

（4）传染病防治体系。依"传染病防治法"建构，目的在于杜绝传染病的发生、传染及蔓延，由"卫生署"为主管机关。

（5）核事故紧急应变体系。依"核子事故紧急应变法"（草案）建构，明确规定在核事故发生或有发生之虞时，应即成立"灾害应变中心"，并结合灾害防救与全民防卫动员准备体系，进行各项防护行动，由"行政院原能会"为主管机关。

（6）反恐体系。依"反恐怖行动法"（草案）建构，目的在于有效防治恐怖行动，维护社会安全，以"内政部"为主管机关。

（7）全民防卫动员准备体系。依"全民防卫动员准备法"建构，目的在于平时完成战力综合准备，并配合灾害防救法规支援灾害防救，战时统合运用全民力量，支援军事作战及维持公务机关紧急应变与国民基本需求，由"国防部"为主管机关。

（8）安全情报体系。依"安全局组织法"规定，"安全局"综理安全情报工作，并对"国防部军事情报局"、"电信发展室"、"宪兵司令部"、"法务部调查局"、"内政部警政署"、"行政院海巡署"等6个机关所负责的安全情报事项，具有统合、指导、支援与协调之责。

对于灾害应急管理而言，又可以从灾害防救体系中区分出18个不同的独立专业领域，分别为属于政府部门的：消防与救护、土地规划、环境资源保育、海洋事务及海上救难、水土资源管理、毒性化学物质、公用事业与通信、防疫与疾病管制、工业矿业安全、飞航安全、陆地运输安全、核能安全、灾后重建与福利措施、灾害保险、治安与秩序、民防动员、灾害防救科学研究。而民间部门对应于其中的17个专业领域，亦分别有专业组织（包括专业志愿组织、企业等），以及相关的综合性社区灾害防救团体。

其中，推动综合性社区灾害防救的相关部门，包括市、县（市）政府、乡

（镇、市、区）公所以及其他机构的基层单位、社区组织等①，乡（镇、市、区）公所为推动社区防救灾的主管机关。

二、关于台湾社区灾害应急管理的法律与规章

与台湾社区灾害应急管理相关的法令、规章和政策中，较有代表性并具实质内容的如下表整理所示：

表 3-2　与台湾社区灾害应急管理相关的代表性法律与规章

法令名称	时间	主管部门
"社区防救灾总体营造实施计划"	2002.01.18	"灾防会"与"9·21重建会"
"莫拉克台风灾后重建特别条例及相关子法"	2009.08.28	"莫拉克重建会"
"火灾灾害防救业务计划"	2010.05.25	"内政部"
"都市计划定期通盘检讨实施办法"	2011.01.06 修订	"内政部"
"'原住民族委员会'灾害防救紧急应变小组作业要点"	2011.05.13 修订	"原住民族委员会"

资料来源：作者自行整理。

（一）"灾害防救法"中有关社区灾害应急管理的内容

根据台湾现行"灾害防救法"，直接涉及社区灾害应急管理的条文主要有第10、11、12、20、24、30、34条。具体内容如下表所示：

表 3-3　"灾害防救法"中直接关涉社区灾害应急管理的条文内容

条目	主题	内　　容
10	乡（镇、市）灾害防救会报的任务	核定各该乡（镇、市）地区灾害防救计划 核定重要灾害防救措施及对策 推动灾害紧急应变措施 推动社区灾害防救事宜 其他依法令规定事项

---

① 参见马士元：《整合性灾害防救体系架构之探讨》，台北：台湾大学建筑与城乡研究所博士论文，2002 年，第 145～146 页。

（续表）

条目	主题	内　　　容
11	乡（镇、市）灾害防救会报的组织	乡（镇、市）灾害防救会报置召集人、副召集人各 1 人,委员若干人。 召集人由乡（镇、市）长担任；副召集人由乡（镇、市）公所主任秘书或秘书担任；委员由乡（镇、市）长就各该乡（镇、市）地区灾害防救计划中指定的单位代表派兼或聘兼 为处理乡（镇、市）灾害防救会报事务,乡（镇、市）长应指定单位办理
12	各地区灾害应变中心的成立	为预防灾害或有效推行灾害应变措施,当灾害发生或有发生之虞时,直辖市、县（市）及乡（镇、市）灾害防救会报召集人应视灾害规模成立灾害应变中心,并担任指挥官 前项灾害应变中心成立时机、程序及编组,由直辖市、县（市）政府及乡（镇、市）公所确定
20	各地区防灾业务计划的拟订及报核程序	乡（镇、市）公所应依上级灾害防救计划及地区灾害潜势特性,拟订地区灾害防救计划,经各该灾害防救会报核定后实施,并报所属上级灾害防救会报备查 前项乡（镇、市）地区灾害防救计划,不得抵触上级灾害防救计划
24	紧急避难的措施	为保护人民生命、财产安全或防止灾害扩大,直辖市、县（市）政府、乡（镇、市、区）公所于灾害发生或有发生之虞时,应劝告或强制其撤离,并作适当安置 直辖市、县（市）政府、乡（镇、市、区）公所于灾害应变的必要范围内,对于有扩大灾害或妨碍救灾设备或物件的所有权人、使用人或管理权人,应劝告或强制其除去该设备或物件,并作适当的处置
30	通报灾情及采取必要措施的责任	民众发现灾害或有发生灾害之虞时,应即主动通报消防或警察单位、村（里）长或村（里）干事 前项受理单位或人员接受灾情通报后,应迅速采取必要的措施。 各级政府及公共事业发现、获知灾害或有发生灾害之虞时,应主动搜集、传达相关灾情并迅速采取必要的处置
34	请求上级机关支持灾害处理的项目及程序	乡（镇、市）公所无法因应灾害处理时,县（市）政府应主动派员协助,或依乡（镇、市）公所的请求,指派协调人员提供支援协助

资料来源：作者根据台湾修订后的"灾害防救法"自行整理。

除上述规定外，"灾害防救法"还遵循灾害应急管理的原则，从第4章到第6章，详细规定了各级政府包括乡（镇、市、区）公所，在灾害预防、灾害应变、灾后复原重建等灾害应急管理不同阶段，依权责实施的工作项目。详述如下：

1. 灾害预防（第4章）

（1）为减少灾害发生或防止灾害扩大，各级政府平时应依权责实施下列减灾事项并列入各该灾害防救计划（第22条）：

①灾害防救计划的拟订、经费编列、执行及检讨；

②灾害防救教育、训练及观念倡导；

③灾害防救科技的研发或应用；

④治山、防洪及其他国土保全；

⑤老旧建筑物、重要公共建筑物与灾害防救设施、设备的检查、维护、补充与加强以及都市灾害防救机能的改善；

⑥灾害防救上必要的气象、地质、水文与其他相关资料的观测、搜集、分析及建置；

⑦灾害潜势、危险度、境况模拟与风险评估的调查分析，及适时公布其结果（有关灾害潜势的公开数据种类、区域、作业程序及其他相关事项的办法，由各"中央"灾害防救业务主管机关确定）；

⑧地方政府及公共事业有关灾害防救相互支援协议的订定；

⑨灾害防救团体、灾害防救志愿组织的促进、辅导、协助及奖励；

⑩灾害保险的规划及推动；

⑪有关弱势族群灾害防救援助必要事项；

⑫灾害防救信息网络的建立、交流及国际合作；

⑬其他减灾相关事项。

（2）为有效执行紧急应变措施，各级政府应依权责实施下列整备事项并列入各该灾害防救计划（第23条）：

①灾害防救组织的整备；

②灾害防救的训练、演习；

③灾害监测、预报、警报发布及其设施的强化；

④灾情搜集、通报与指挥所需通信设施的建置、维护及强化；

⑤灾害防救物资、器材的储备及检查;

⑥灾害防救设施、设备的准备及检查;

⑦对于妨碍灾害应变措施的设施、物件,施以加固、移除或改善;

⑧国际救灾支援的配合;

⑨其他紧急应变整备事项。

(3)关于紧急避难的措施(第24条,见上表)。

(4)关于灾害防救训练及演习(第25条):各级政府及相关公共事业,应实施灾害防救训练及演习。实施前项灾害防救训练及演习,各机关、公共事业所属人员、居民及其他公、私立学校,团体、公司、厂场有共同参与或协助的义务。

参与前项灾害防救训练、演习的人员,其所属机关(构)、学校、团体、公司、厂场应给予公假。

(5)关于灾害防救专职人员的设置(第26条):各级政府及相关公共事业应设专职人员,执行灾害预防各项工作。

2. 灾害应变措施(第5章)

(1)为实施灾害应变措施,各级政府应依权责实施下列事项(第27条):

①灾害警报的发布、传递、应变戒备、人员疏散、抢救、避难的劝告、灾情搜集及损失查报;

②警戒区域划设、交通管制、秩序维持及犯罪防治;

③消防、防汛及其他应变措施;

④受灾民众临时收容、社会救助及弱势族群特殊保护措施;

⑤受灾儿童及少年、学生的应急照顾;

⑥危险物品设施及设备的应变处理;

⑦传染病防治、废弃物处理、环境消毒、食品卫生检验及其他卫生事项;

⑧搜救、紧急医疗救护及运送;

⑨协助检验、处理罹难者尸体、遗物;

⑩民生物资与饮用水的供应及分配;

⑪水利、农业设施等灾害防备及抢修;

⑫铁路、道路、桥梁、大众运输、航空站、港埠、公用气体与油料管线、输电线路、电信、自来水及农渔业等公共设施的抢修;

⑬ 危险建筑物的紧急评估（有关危险建筑物紧急评估的适用灾害种类、实施时机、处理人员、程序、危险标志的张贴、解除及其他相关事项的办法，由"内政部"确定）；

⑭ 漂流物、沉没品及其他救出物品的保管、处理；

⑮ 灾害应变过程完整记录；

⑯ 其他灾害应变及防止扩大事项。

（2）关于"灾害应变中心"的指挥权及运作处所（第28条）：各级"灾害应变中心"成立后，参与编组机关首长应依规定亲自或指派权责人员进驻，执行灾害应变工作，并由"灾害应变中心"指挥官负责指挥、协调与整合。各级"灾害应变中心"应有固定的运作处所，充实灾害防救设备并作定期演练。

（3）关于通报灾情及采取必要措施的责任（第30条，见上表）。

（4）关于灾害应变范围内采取的处分或强制措施（第31条）：

各级政府成立"灾害应变中心"后，指挥官于灾害应变范围内，依其权责分别实施下列事项，并以各级政府名义为之：

① 紧急应变措施的宣示、发布及执行；

② 划定警戒区域，制发临时通行证，限制或禁止人民进入或命其离去；

③ 指定道路区间、水域、空域高度，限制或禁止车辆、船舶或航空器的通行；

④ 征调相关专门职业、技术人员及所征用物资的操作人员协助救灾；

⑤ 征用、征购民间搜救犬、救灾机具、车辆、船舶或航空器等装备、土地、水权、建筑物、工作物；

⑥ 指挥、督导、协调"国军"、消防、警察、相关政府机关、公共事业、民防团队、灾害防救团体及灾害防救志愿组织执行救灾工作；

⑦ 危险建筑物、工作物的拆除及灾害现场障碍物的移除；

⑧ 优先使用传播媒体与通信设备，搜集及传播灾情与紧急应变相关信息；

⑨ 国外救灾组织来台协助救灾的申请、接待、责任灾区分配及协调联系；

⑩ 灾情的汇整、统计、呈报及评估；

⑪ 其他必要的应变处置。

违反前项第2款、第3款规定以致遭遇危难，并由各级"灾害应变中心"进行搜救而获救者，各级政府得就搜救所生费用，以书面形式命获救者或可归责之业者缴纳；其费用的计算、分担、作业程序及其他应遵行事项的办法，由"内政部"确定。

第 1 项第 6 款所定民防团队、灾害防救团体及灾害防救志愿组织的编组、训练、协助救灾及其他应遵行事项的办法，由"内政部"确定。

3. 灾后复原重建（第 6 章）

（1）为实施灾后复原重建，各级政府应依权责实施下列事项，并鼓励民间团体及企业协助办理（第 36 条）：

①灾情、灾区民众需求的调查、统计、评估及分析；

②灾后复原重建纲领与计划的制定及实施；

③志工的登记及分配；

④捐赠物资、款项的分配与管理及救助金的发放；

⑤伤亡者的善后照料、灾区民众的安置及灾区秩序的维持；

⑥医疗卫生、防疫及心理辅导；

⑦学校厅舍及其附属公共设施的复原重建；

⑧受灾学生的就学及寄读；

⑨古迹、历史建筑抢修、复原计划的核准或协助拟订；

⑩古迹、历史建筑受灾情形调查、紧急抢救、加固等应变处理措施；

⑪受损建筑物的安全评估及处理；

⑫住宅、公共建筑的复原重建、都市更新及地权处理；

⑬水利、水土保持、环境保护、电信、电力、自来水、油料、气体等设施的修复及民生物资供需的调节；

⑭铁路、道路、桥梁、大众运输、航空站、港埠及农渔业的修复重建；

⑮环境消毒与废弃物的清除及处理；

⑯受灾民众的就业服务及产业重建；

⑰其他有关灾后复原重建事项。

（2）"重建推动委员会"的设立与解散（第 37 条）：为执行灾后复原重建，各级政府得由各机关调派人员组成任务编组的"重建推动委员会"；其组织规程由各级政府确定。"重建推动委员会"于灾后复原重建全部完成后，始解散。

（3）第 37-1 条，因灾害发生而使联络灾区的交通中断或公共设施毁坏有危害民众之虞时，各级政府为立即执行抢通或重建工作，如经过都市计划区、山坡地、森林、河川、国家公园或其他有关区域，得简化行政程序，不受"区域计划法"、"都市计划法"、"水土保持法"、"山坡地保育利用条例"、"森林法"、"水利法"、"'国家'公园法"及其他有关法律或法规命令的限制。前项简化行政程序及不受有关法律或法规命令限制的办法，由各该"中央"灾害防救业务主管机关确定。

（4）第37-2条，因天然灾害发生，致影响灾区民众正常居住生活，各级政府为安置受灾民众或进行灾区重建工作，对于涉及用地及建筑物的划定、取得、变更、评估、管理、维护或其他事项，得简化行政程序，不受"区域计划法"、"都市计划法"、"建筑法"、"都市更新条例"、"环境影响评估法"、"水土保持法"及其他有关法律或法规命令的限制。前项简化行政程序及不受有关法律或法规命令限制的办法，由各该"中央"灾害防救业务主管机关确定。

（二）"社区防救灾总体营造实施计划"的主要内容

1. 实施目的

结合社区防救灾体系，运用社区工作专业方法，整合社区内、外资源，建立社区防救灾输送网络；进而凝聚"救灾要从防灾"做起的共识，激发社区居民确实建立"自救而后人救"的观念；群策群力，共同致力自我社区抗灾、避灾、减灾的预防措施，并勇于展现"向灾害说不"的前瞻性与应变力。

2. 实施原则

（1）防灾需求自主化：鼓励社区针对社区灾害潜势特性，主动提出防灾计划，并按社区防灾需求的优先级，轻重缓急，促使防灾措施，逐项实施。

（2）防灾规划整体化：利用社区调查，详细了解社区可资运用的资源能量，以使防灾措施规划作全盘整合的推动。

（3）防灾信息公开化：以科学方法进行灾害危险度及境况模拟的统计分析，并适时公布其结果，以使社区能够提高未雨绸缪的警觉性。

（4）防灾参与普及化：启发社区居民与组织，凝聚"命运共同体"的社区意识，诱导社区自动自发，普遍参与社区防救灾工作。

（5）防灾工作团队化：结合社区行政单位、防救灾团体、公益组织、学校、寺庙、教堂、志工团队等发挥整体力量，共同推动社区防救灾工作。

（6）防灾管理制度化：编印训练教材，举办研习机构，就参与防救灾的工作人员及志工伙伴实施教育训练，使之能沟通观念，研习方法，以形成防灾管理建构制度化的运作模式。

3. 实施项目

包括基本项目与发展项目，主要内容分别为：

（1）基本项目的首要重点工作为紧急避难及泥石流整治。具体来看，包括：

①紧急避难部分：紧急避难设备、救援机具、救援物资（含医药、粮食、饮水等）的储存与管理；通信设备、防灾相关地图、逃生路线及避难场所的规划；家户联防、紧急通报系统的建立；雨量计的装设等。

②泥石流整治部分：动员当地居民参与整治，采用上游山顶裂缝填补，接着进行导水、排水，使雨水不致于流到裸坡上，再以打桩编栅方式拦截土石，并用生态工法予以整治。

③组织训练部分：社区组织辅导、专业人才培训及志工团队组训。

（2）发展项目：接续办理文化、观光、产业及生态等与社区总体营造相关的项目。依据地方特色及当地居民的共同愿景，通过民间非营利组织协力团队的规划，提出文化保存、休闲观光旅游、精致农业发展、生态保育等发展项目，以推动社区总体营造。

4. 实施方式

（1）以社区为单位，由乡（镇、市）公所结合民间团体、消防救难团队、义警、后备军人组织、民防、社区守望相助队、志工团队及医疗院所等规划办理。

（2）成立社区防灾、减灾工作小组及任务分工组织，并研提防灾、减灾执行计划，送请"灾防会"与"9·21重建会"同相关部门审查后，予以经费补助。

（3）实施期间执行单位务须定期提出检讨报告，公部门相关单位应主动配合辅导，待实施告一段落，提出检讨评估报告后，再扩大推广至其他社区。

5. 预期效果

（1）灾害发生而外援尚未到达前，社区本身能争取第一救援时机，将居民疏散至安全处所，以使灾害降至最低，确保民众生命、财产安全。

（2）针对泥石流灾害集水区，利用在地人力资源，在源头崩塌地做裸坡植栽复育工程，不但可根本解决泥石流问题，还可增加当地居民短期就业机会。

（3）面对未来台湾可能面临的各项天然灾害，建构完整的社区防灾系统，以使政府辅导灾害重建区实现社区发展、休闲观光旅游及振兴产业等总体营造愿景，并臻于完善境界。

（三）"都市计划定期通盘检讨实施办法"中有关社区灾害应急管理的内容

"都市计划定期通盘检讨实施办法"第6条规定："都市计划通盘检讨时，应依据都市灾害发生历史、特性及灾害潜势情形，就都市防灾避难场所及设施、流域型蓄洪及滞洪设施、救灾路线、火灾延烧防止地带等事项进行规划及检讨，并调整土地使用分区或使用管制。"

第9条：都市计划通盘检讨时，下列地区应办理都市设计，纳入细部计划：（1）新市镇；（2）新市区建设地区：都市中心、副都市中心、实施大规模整体开发之新市区；（3）旧市区更新地区；（4）名胜、古迹及具有纪念性或艺术价值应予保存的建筑物的周围地区；（5）位于高速铁路、高速公路及区域计划指定景观道路两侧1公里范围内的地区；（6）其他经主要计划指定应办理都市设计的地区。

都市设计的内容视实际需要，表明9个事项，其中即有防灾、救灾空间及设施配置事项。

第11条：都市街坊、街道家具设施、人行空间、自行车道系统、无障碍空间及各项公共设施，应配合地方文化特色及居民的社区活动需要，妥为规划设计。

（四）"莫拉克台风灾后重建特别条例"中有关社区灾害应急管理的内容

2009年8月28日"莫拉克台风灾后重建特别条例"全文30条颁布，并自公布尔日施行，适用期限为3年，同年12月30日修正公布第17条条文，其中涉及社区灾害应急管理的有：

第1条，为安全、有效、迅速推动莫拉克台风灾后重建工作，特制定本条例。本条例未规定者，依"灾害防救法"及其他相关法律的规定办理。但其他法律规定较本条例更有利于灾后重建者，适用最有利的法律。重建地区位于原住民族地区者，并应依"原住民族基本法"相关规定办理。

第2条，灾后重建应以人为本，以生活为核心，并应尊重多元文化特色，保障社区参与，兼顾"国土"保安与环境资源保育。

第4条，为推动灾后重建工作，由"行政院"设置"莫拉克台风灾后重建推动委员会"，负责重建事项的协调、审核、决策、推动及监督。"委员会"置召集人、副召集人各一人，由"行政院"院长、副院长兼任之，委员33人至37人，由召集人就"行政院"政务委员、相关机关及灾区县（市）首长、专家学者及民间团体代表派（聘）兼之。其中灾民及原住民族代表，合计不得少于五分之一。本条例"中央"执行机关为"中央"各目的事业主管机关；地方执行机关为直辖市政府、县（市）政府及乡（镇、市）公所。

第20条，灾区重建应尊重该地区人民、社区（部落）组织、文化及生活方式。

（五）"火灾灾害防救业务计划"

"火灾灾害防救业务计划"是依据"灾害防救法"第19条第2项及"灾害防救基本计划"拟订，经"中央灾害防救会报"于2010年5月25日第18次会议核定后实施，性质上属于"灾害防救基本计划"的下位计划；与"经济部"、"交通部"、"农委会"及"环保署"所拟订的各类"灾害防救业务计划"为平行位阶的互补计划，为各级地方政府"地区灾害防救计划"的上位指导计划。计划所列相关机关应办理的事项，亦应列入地方政府拟订的"地区灾害防救计划"火灾部分，由相应机关落实执行，以健全火灾整体灾害防救机制。

该计划包括总则、灾害预防、灾害紧急应变、灾后复原重建、计划实施与管制考核等共5编。主要内容为灾害预防、灾害紧急应变及灾后复原重建等相关事项。

1. 缘起

台湾地区人口密度高，建筑物稠密且用途复杂，一旦发生火灾，灾变现场的抢救就会因地形、地物、地貌不同而增加困难，稍有不慎就会衍生成重大灾害。

火灾原因不外是人为蓄意纵火、人为疏忽或天灾所导致。而在其发生初期，如不能及时作出正确处理与应变，失去控制火势的机会，即易酿成重大灾难，造成大量人员伤亡及财产损失。

为此，需要政府与民间共同努力，不断强化全民消防常识，并落实消防安全检查与预防措施。"火灾灾害防救业务计划"即针对火灾造成的灾害防救需要而拟订。

2. 目的

（1）健全重大火灾的灾害防救体系，强化灾害的预防、灾害发生时的紧急应变及灾后的复原重建，有效执行灾害预防、灾害抢救、灾情勘查，以及复原重建等相关事宜，提升各级政府的灾害应变能力，减轻灾害损失。

（2）由"内政部"拟订该计划，提供各直辖市、县（市）政府、乡（镇、市）公所拟订"地区灾害防救计划"及相关单位执行重大火灾灾害防救事务的依据，以提升全民灾害防救意识、减轻灾害损失、保障全民生命财产安全。

3. 关于社区灾害防救机制的建立

（1）"内政部"及地方政府应依据"结合民防及全民防卫动员准备体系执行灾害整备及应变实施办法"及"民防团队灾害防救团体及灾害防救志愿组织编组训练协助救灾事项实施办法"，推动社区防灾，以建立社区灾害防救机制。（第3章第5节）

（2）建立全民消防体系。"内政部"及地方政府应建立全民消防体系，如义勇消防队、妇女防火倡导队、凤凰志工、救难团体等，同时组成防火组织，平日执行火灾预防管理工作，火灾发生时进行初期灭火抢救，以减低生命财产损失。（第3章第6节）

依据"灾害防救法"施行细则第8条规定，"内政部"应每2年依"灾害防救基本计划"，对于相关灾害预防、灾害紧急应变及灾后复原重建事项等进行勘查、评估，检讨该计划；必要时，得随时办理。

（六）其他法律规章中有关社区灾害应急管理的条文

1. 依"地方制度法"第2节自治事项第18条、第19条、第20条，明文规定：灾害防救的规划与执行为直辖市、县（市）、乡（镇、市）的自治事项。

2. 根据"社会救助法"第5章第25条，当人民遭受水、火、风、雹、旱、地震及其他灾害，致损害重大、影响生活者，予以灾害救助。而第26条则规定直辖市或县（市）主管机关应视灾情需要，协助抢救及善后处理、提供受灾户膳食口粮、辅导修建房舍、设立临时灾害收容场所，并于必要时，主管机关得洽请民间团体或机构协助办理灾害救助。

3. 依据"民防法"第3条，民防团队采任务编组，其编组方式之一为：直辖市、县（市）政府应编组"民防总队"，下设各种直属任务（总、大）队、院（站）、总站；乡（镇、市、区）公所应编组民防团，下设各种直属任务中、分队、院、站；村（里）应编组民防分团，下设勤务组。第4条，台湾民众依下列规定参加民防团队编组，接受民防训练、演习及服勤，其一即为：直辖市、县（市）政府、乡（镇、市、区）公所所辖民政、消防、社政、卫生、建设（工务）单位员工与村（里）长、邻长，依其职责、性别、专长、经验、体能，经遴选参加民防总队、民防团及民防分团编组。

4. "'原住民族委员会'灾害防救紧急应变小组作业要点"

"行政院原住民族委员会"（简称"原民会"）于2011年5月13日发布修正

后的"'原民会'灾害防救紧急应变小组作业要点"第 7 点和第 8 点，就进驻"中央灾害应变中心"作业和灾情应变处置作业作出新的规定：

（1）关于进驻"中央灾害应变中心"作业，"原民会"接获"中央灾害应变中心"成立通报后，于 1 小时内指派适当层级人员进驻轮值。其工作重点如下：

①向"中央灾害应变中心"提报本会防灾整备报告。

②了解原住民族乡（镇、市、区）防灾整备情形，并传达乡（镇、市、区）公所请求协助事项。

③转达"中央灾害应变中心"指挥官指示事项，交"原民会"紧急应变工作小组办理。

④"原民会"紧急应变工作小组作业要点主要有：

A. 通报警戒区域内直辖市、县（市）政府通知卫星电话保管人开机，并进行测试；

B. 通报警戒区域内直辖市、县（市）政府及乡（镇、市、区）公所应成立灾害应变中心，并提报人员疏散及安置计划；

C. 通知警戒区域内原住民族乡（镇、市、区）长加强防灾准备，并做成电话通报纪录；

D. 上述通报作业应每 3 小时全面清查 1 次，各乡（镇、市、区）公所应要求于"中央灾害应变中心"开设后 1 个小时内完成所有准备。

⑤前进小组作业

A. "中央灾害应变中心"成立 1 级开设状况时，"原民会"视情况通报前进小组进驻警戒区域乡（镇、市、区）公所应变中心，建立"原民会"与该公所联络窗口，向"原民会"汇报人员疏散及安置情形；

B. 各进驻人员必须向"原民会"灾害应变幕僚小组汇报抵达乡（镇、市、区）公所应变中心的时间、地点；

C. 前进小组由"原民会"指挥官视灾情指派"原民会"族群委员及相关业务单位人员组成，协助"原民会"防救灾并与乡（镇、市、区）公所实地沟通，配合"中央灾害应变中心"指示进行勘查；"农委会"依"重大土石流灾害勘查标准作业程序"成立勘灾小组时，由"原民会"指挥官视灾情指派族群委员及相关业务单位，会同"农委会"勘灾小组勘查；"内政部"依"风灾震灾勘灾标准作业程序"成立勘灾小组时，由"原民会"指挥官视灾情指派族群委员及相关业务单位，会同"内政部"勘灾小组勘查。

（2）关于灾情应变处置作业：

①进驻"中央灾害应变中心"人员亦应将"中央灾害应变中心"有关原住民族地区灾情报告及处理情形传回幕僚小组供交叉比对汇整。"中央灾害应变中心"有关原住民族地区救灾指示事项，应即交办幕僚小组进行处置，并将处置结果传回"中央灾害应变中心"。

②风灾、震灾或其他灾害期间，"原民会"紧急应变工作小组应随时与各直辖市、县（市）政府及乡（镇、市、区）公所灾害紧急通报专责人员保持联系，以掌握原住民族地区各种灾害状况，实时传递灾情至"中央灾害应变中心"。

③灾情查报渠道则有：

A. 通过直辖市、县（市）政府应变中心实施查（报），必要时径与原住民族地区乡（镇、市、区）公所及应变中心查证（报）。

B. 运用"原民会"建立的部落联络人名册深入了解实际情况，掌握灾情。

三、关于台湾社区自治管理的条例与规则

（一）台湾现行与社区相关的法令

台湾社区发展的历史已达半个多世纪，历年来发布了诸多以"社区"为名的相关法令，可分类整理如下表：

表 3-4　台湾岛内颁行的与社区相关的法令一览表

类别	名　　　称	公布时间	备注
通则性	"社区发展工作纲要"	1991.05.01	1999.12.24 修正
	"社区营造条例"（草案）	2004.02.04	
与农村社区发展相关	"农村社区土地重划条例"	2000.01.26	2002.12.11 修正
	"农村社区土地重划条例施行细则"	2002.03.06	
	"直辖市县(市)农村社区土地重划委员会设置办法"	2000.07.05	
	"直辖市县（市）农村社区更新协进会设置办法"	2000.07.05	
	"土地所有权人办理农村社区土地重划办法"	2003.08.26	
	"农村社区土地重划祖先遗留共有土地减征土地增值税标准"	2000.04.25	

（续表）

类别	名　称	公布时间	备注
与工业社区发展相关	"楠梓加工出口区社区土地租用办法"	1974.04.19	2001.12.26 废止
	"'经济部'加工出口区社区土地租用办法"	2001.12.26	
	"工业社区用地配售及出售办法"	1991.08.07	2002.07.03 修正
与住宅政策相关	"住宅社区管理维护办法"	1980.05.29	1999.06.29 修正
	"住宅社区规划及住宅设计规划"	1984.04.05	1999.06.29 修正
	"公寓大厦及社区安全管理办法"	1992.01.03	2003.01.08 废止
	"奖励民间参与'国军'老旧眷村改建投资兴建住宅社区办法"	1997.12.17	1998.10.12 修正
与9·21重建相关	"9·21震灾社区重建更新基金收支保管及运用办法"	2000.09.18	2003.05.12 修正
	"以土地重划区段征收开发新社区安置9·21震灾受灾户土地的处理机配售作业办法"	2001.01.19	
	"9·21震灾重建新社区开发住宅设计准则"	2001.12.06	
	"后备军人组织民防团队社区灾害防救团体及民间灾害防救志愿组织编组训练协助救灾事项实施办法"	2001.08.27	
与莫拉克台风灾后重建相关的	"莫拉克台风灾区生活重建服务中心实施办法"	2009.09.07	
	"莫拉克台风灾区安置用地变更及开发办法"	2009.09.07	
	"莫拉克台风灾区划定特定区域安置用地勘选变更利用及重建住宅出售办法"	2009.09.07	
其他	"推动社会福利社区化实施要点"	1996.12.16	
	"电视增力机、变频机及社区共同天线电视设备设立办法"	1973.04.03	1992.07.28 修正

资料来源：修改并补充自吴明儒，陈竹上：《台湾社区发展组织政策变迁途径之探讨》，载李天赏主编《台湾的社区与组织》，台北：扬智文化事业股份有限公司，2005年版，第152～154页。

台湾"法规标准法"将"中央"层级的法律与命令分别规定名称，以资区别，但自治法规无清晰、统一的标准名称。依据"地方制度法"第25条规定，经地方立法机关通过并由行政机关公布的自治法规，称为自治条例，属地方性法律。但在同法第 26 条之 1 又规定：自治条例应分别冠以各地方自治团体的名称，在直辖市称直辖市法规，在县（市）称县（市）规章，在乡（镇、市）称乡（镇、市）规约。而由行政机关制定的自治规则，属行政命令，目前的名称相当混乱，有称"规程"、"规则"、"细则"、"办法"、"纲要"、"标准"或"准则"的，也有使用"要点"、"须知"、"注意事项"、"规定"、"原则"、"程序"、"计划"、"方案"、"总则"、"说明"等名称的。①

由此可知，上表中与台湾社区相关的法令，除了 2000 年公布施行的"农村社区土地重划条例"是属于"立法院"三读通过的法律外，其余的法令基础，包括社区发展政策的基础法源——"社区发展工作纲要"，皆属于"行政命令"的层级，位阶较低，是以"职权命令"方式呈现的社区政策②。

（二）"社区发展工作纲要"

"社区发展工作纲要"由"内政部"于 1991 年订定发布，全文 24 条；1999年 12 月 24 日修正，修正发布第 3 条与第 18 条条文。所涉内容主要有：

1. 社区发展的目的及主要精神

社区发展是社区居民基于共同需要，遵循自动与互助的精神，配合政府行政支持、技术指导，有效运用各种资源，从事综合建设，以改进社区居民生活质量，增进居民福利，建设安和融洽、团结互助的现代化社会。（第 1、2 条）

2. 社区发展主管机关

在"中央"为"内政部"；在直辖市为直辖市政府；在县（市）为县（市）政府；在乡（镇、市、区）为乡（镇、市、区）公所。主管机关办理社区发展业务单位，应加强与警政、民政、工务、住宅、教育、农业、卫生及环境保护等相关单位的协调联系、分工合作及相互配合支持，以使社区发展业务顺利有效执行。各级主管机关对社区发展工作，应会同相关单位办理评鉴、考核、观摩，对社区发展工作有关人员应举办训练或讲习。对于推动社区发展业务绩效良好的社区，各级主管机关应予以下列方式的奖励：（1）表扬或指定示范观摩，（2）

---

① 参见林谷蓉：《"中央"与地方权限冲突》，台北：五南图书出版股份有限公司，2005 年版，第 250～252 页。

② 参见吴明儒，陈竹上：《台湾社区发展组织政策变迁途径之探讨》，载李天赏主编《台湾的社区与组织》，台北：扬智文化事业股份有限公司，2005 年版，第 152 页。

颁发奖状或奖品,(3)发给社区发展奖助金。(第3、21、22条)

3.关于社区的定义与划分

"纲要"所称的社区是指经乡(镇、市、区)社区发展主管机关划定,供为依法设立社区发展协会,推动社区发展工作的组织与活动区域。社区居民是指设户籍并居住于本社区的居民。乡(镇、市、区)主管机关为推行社区发展业务,得视实际需要,于该乡(镇、市、区)内划定数个社区区域。社区的划定,以历史关系、文化背景、地缘形势、人口分布、生态特性、资源状况、住宅型态,农、渔、工、矿、商业发展及居民意向、兴趣及共同需求等因素为依据。(第2、5条)

4.社区发展的组织建设

各级主管机关为协调、研究、审议、咨询及推动社区发展业务,得邀请学者、专家、有关单位及民间团体代表、社区居民组建社区发展促进委员会;乡(镇、市、区)主管机关应辅导社区居民依法设立社区发展协会,依章程推动社区发展工作;"纲要"施行前已成立社区理事会的社区,于"纲要"发布施行后,由主管机关辅导其依法设立为社区发展协会,但理事会任期未届满者,可继续行使职权至届满时办理。(第4、6、23条)

5.社区发展协会的主要任务

(1)根据社区实际状况,建立社区资料,包括社区:①历史、地理、环境、人文资料,②人口数据及社区资源数据,③社区各项问题的个案资料,④其他与社区发展有关的资料。(第11条)

(2)针对社区特性、居民需要,配合政府发展指定工作项目、政府年度推荐项目、社区自创项目,制定社区计划、编订经费预算、积极推动社区发展。政府年度推荐项目由推荐的政府机关函知并酌予补助经费;社区自创项目应配合政府年度社区发展工作计划,得申请有关机构补助经费;社区发展指定工作项目如表3-5所示(第12、19条)。

6.经费与费用问题

(1)社区发展协会办理各项福利服务活动,得经理事会通过后酌收费用。

(2)社区发展协会的经费来源主要有:会费收入、社区生产收益、政府机关的补助、捐助收入、社区办理福利服务活动的收入、基金及其利息收入、其他收入。

(3)社区发展协会为办理社区发展业务,得设置基金;其设置规定,由直辖市、县（市）主管机关确定。

（4）各级政府应按年编列社区发展预算，补助社区发展协会推展业务，并得动用社会福利基金。

表 3-5 社区发展指定工作项目

公共设施建设	生产福利建设	精神伦理建设
新（修）建社区活动中心；社区环境卫生及垃圾的改善与处理 社区道路、水沟的维修 停车设施的整理与添设 社区绿化与美化 其他	社区生产建设基金的设置 社会福利的推动 社区托儿所的设置 其他	加强改善社会风气重要措施及公民礼仪范例的倡导与推行 乡土文化、民俗技艺的维护与发扬 社区交通秩序的建立 社区公约的制订 社区守望相助的推动 社区艺文康乐团队的设立 社区长寿俱乐部的设置 社区妈妈教室的设置 社区志愿服务团队的成立 社区图书室的设置 社区全民运动的提倡 其他

资料来源：作者根据台湾"社区发展工作纲要"（1999）自行整理。

（三）"社区营造条例"（草案）

与"社区发展工作纲要"不同，"社区营造条例"的目的在于保障社区居民对于社区发展及社区营造等公共事务的参与，落实社区民主自治精神，建立公民社会价值观，并强化各级政府施政的民意基础。"条例"所称社区，是指直辖市、县（市）行政区内，就特定公共议题，并依一定程序确认，经由居民共识所认定的空间及社群范围。

所谓社区公共事务，包括下列事项：（1）社区精神、特色及公共意识的营造；（2）社区传统艺术文化保存、维护及推广活动的办理；（3）社区居民终身学习活动的办理；（4）社区健康照护与社会福利的保障及供应；（5）社区土地、空间、景观及环境的营造；（6）社区生产、生态及生活环境的保护；（7）社区产业的发展及振兴；（8）社区土地及资源的开发利用；（9）社区居民生活安全、犯罪预防及灾害防救准备；（10）其他社区营造推动事项。

社区营造协议依其内容及性质可分类为：（1）社区建议：针对社区公共事务的建议，提供权责机关作为施政或办理业务的参考，或作为社区居民自我约束及遵行的依据。（2）社区宪章：针对社区未来发展和营造目标的基本原则，具有宣示、启发、提醒、引导及规劝等作用。（3）社区公约：针对社区公共事务领域所形成的具体行为规范，具有不同程度的强制力，包括罚则。（4）社区计划：针对开发、利用和保存社区土地、空间、景观、环境及各种有形资产的实质计划案，涉及社区成员权利义务的规范事项。

四、台湾社区灾害防救文化建设

对现代人而言，除了享受文明所带来的舒适生活外，对于一些因文明所造成的灾害更应该有知觉及警觉性，尤其是面对无法预测的天然灾害，须具备应对的技能及知识。社区居民的灾害意识、防救能力是需要教育和培养的。而这又离不开整个社区乃至全社会的灾害防救文化建设。台湾在此方面的实践探索主要通过社区教育与训练、学校教育与训练、防灾教育科学馆及家庭防灾等多个层面推行的。

（一）社区教育与训练

台湾过去的灾害防救工作主要为消防署的业务，着重于紧急应变及抢救工作。灾前的防灾工作主要是通过民间自卫队（已转型为睦邻救援队）、凤凰志工、睦邻救援队的训练，作为灾时应变及抢救的社区主力。灾害研究的范围涉及土木工程、空间规划、气象、地理等专业领域，对于一般民众所需要的灾害信息与防救灾知识及技术，则有跨出专业门槛的困难，未能成为民众面对灾害时决策与操作的基础。

9·21震灾后的一个重大转变是认识到社区灾害教育的重要性，鼓励居民参与，充实灾害防救的相关知识与技术，通过社区自己的力量进行自救互救。如"科学委员会"拟定的"社区防灾与防灾社区计划"，委托学术单位规划，并且召开社区说明会来推动，分为4个阶段：第一阶段为环境认知与灾害经验谈，通过灾害经验讨论与居民的环境认知来达成；第二阶段为社会环境议题讨论，通过防救灾课题讨论与防灾知识导论完成；第三阶段重点为对策与组织，通过防救灾对策讨论建立社区防救灾组织来完成；第四阶段为执行与演练阶段，通过紧急应变训练、防灾设备改善等方法来执行。而由"灾防会"与"消防署"主办、汐止市公所执行的汐止城中城社区防灾体系的建立，则是整合了社区内外资源，建立以社区为主体的防救灾体系、社区居民参与防救灾运作的机制、社区防救灾信息与教育的网络以及社区灾后重建的支援体系，让社区防救灾成为社区营造的一部分。

（二）学校教育与训练

1.关心社区、认识社区的教育

关于社区灾害防救的相关认知与训练，贯穿于台湾的中小学教育之中，不仅有专门的项目，如防灾教育倡导、春晖项目倡导、急救教育倡导等，予以讲解与实践以及定期的演习，还体现在各门课程的教学内容中，并首先从引导小学生认识社区开始奠定社区灾害防救的基础。如新竹市东区东门"国小"2011学年第二学期课程计划中所列，三年级学校主题课程即有"关怀小区"。见图3-1。

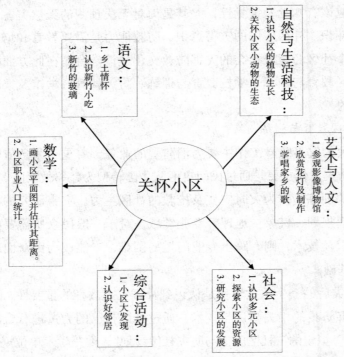

图 3-1　新竹市东区东门"国小"三年级学校主题课程架构图

资料来源：新竹市东区东门"国小"2011学年度第二学期课程计划（2012年01月17日课程发展委员会议决），第71页，http://www.ndppc.nat.gov.tw。

2. 校园灾害应急管理

（1）行政主管部门关于校园灾害应急管理的政策要求与指导

依据"'教育部'构建校园灾害管理机制实施要点"规定，各教育行政单位及学校为落实校园灾害应急管理工作，应整合单位及学校行政资源，构建校园灾害应急管理机制，并应订定校园灾害应急管理实施计划，明定减灾、整备、应变及复原等阶段的具体作为及作业流程，如表 3-6 所示：

表 3-6　校园灾害应急管理各阶段的具体作为及作业流程

阶段名称	具体作为及作业流程
减灾	潜在灾害分析与评估 防灾预算编列、执行、检讨 防灾教育、训练及观念倡导 老旧建筑物、重要公共建筑物及灾害防救设施、设备的检查、补充与加强 建立防灾信息网络 建立防救灾支持网络 其他灾害防救相关事项
整备	防救灾组织的建立与健全 研拟应变计划 制定紧急应变流程 实施应变计划模拟演练 灾害防救物资、器材的储备 灾情搜集、通报及校安中心所需通信设施的建置、维护及强化 避难所设施的准备与维护 其他紧急应变准备事宜

（续表）

阶段名称	具体作为及作业流程
应变	成立紧急应变小组 召开决策小组会议 灾情搜集与损失查报 受灾学生的应急照顾 救援物资的取得与运用 配合相关单位开设临时收容所 复原工作的筹备 灾害应变过程的完整记录 其他灾害应变及防止扩大的措施
复原	灾情勘查与鉴定 复原经费筹措 捐赠物资、款项的分配与管理及救助金发放 硬件设施复原重建 受灾学生安置 受灾人员心理咨询辅导 学生就学援助、复学、复课辅导 召开检讨会议 其他有关灾后复原重建事项

资料来源：台湾全民"国防"教育补充教材之防卫动员《灾害防治与应变》，第145页，http://www.ndppc.nat.gov.tw.

　　"要点"还规定：各教育行政单位及学校为执行前项工作，应设立校园安全暨灾害防救通报处理中心（以下简称"校安中心"），作为校园灾害管理机制的运作平台。各级校安中心应有固定作业场所，设置传真、电话、网络及相关必要设备，并指定24小时联系待命人员，其紧急应变实施办法标准作业流程及应变小组人员编组情况如下图与表格所示：

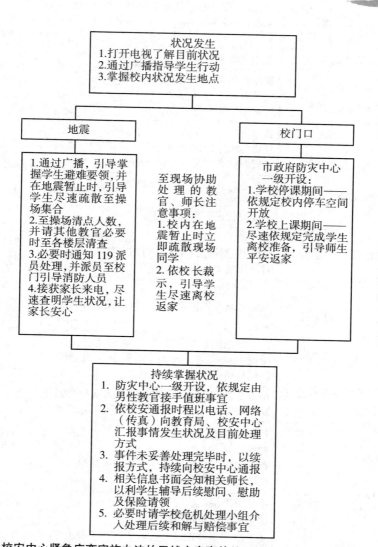

图 3-2　校安中心紧急应变实施办法的天然灾害事件处理标准作业流程（以地震为例）

资料来源：台湾全民"国防"教育补充教材之防卫动员《灾害防治与应变》，第 148 页，http://www.ndppc.nat.gov.tw.

表 3-7 台湾校安中心紧急应变小组人员编组表

编组	职位	职务	主要职责	组员	备注
指挥组	召集人	校长	综理全盘事宜		夜间相关事件处理由夜间部各组先行处理，必要时电请各组派员返校协助
	副召集人	教务主任	襄助召集人综理全盘事宜 代理召集人召开会议 对各组工作指导		
	总干事	学务主任	紧急事件现场指挥 负责各项紧急调度事宜 必要时代表召集人慰问		
	副总干事	夜间部主任	紧急事件现场指挥 负责各项紧急调度事宜 必要时代表召集人慰问		
资料组	组长	秘书	兼发言人，统一对外发布（言）新闻 接收各组处理进度，适时向召集人报告 对上级机关通报	教务处同仁	
联络组	组长	实习处主任	负责寻求及提供学校与社区相关资源援助	实习处及图书馆同仁	
医务组	组长	卫生组长	负责紧急医务专业的处理 指派随同支持（救护）人员将伤员送医，掌握伤员情况，并随时向发言人汇报	学务处同仁	
辅导组	组长	主任辅导教师	负责协调有关资源及提供相关人员身心辅导 对受惊吓的同学实施个别（团体）心理辅导	辅导室同仁	
总务组	组长	总务主任	负责联系消防、电力、水力及卫生工程单位 协助抢修 指挥工友对校园灾害进行抢修及复原 校园财产损耗调查报告	总务处同仁	
会计组	组长	会计室主任	检验财产损耗状况 协助向上级申请修缮经费	会计室同仁	
安全组	组长	主任教官	负责危机事件现场及善后的各项安全工作 必要时申请警方协助处理	教官室同仁	
协调组	组长	人事室主任	负责提供相关法律问题咨询或支持	人事室同仁	
法律组	组长	家长会会长	负责协助学校内外有关事务的申诉、仲裁、救助、赔偿等协调事宜及灾后复原必要的人力及经费支持	家长会	

资料来源：台湾全民"国防"教育补充教材之防卫动员《灾害防治与应变》，第 146 页，http://www.ndppc.nat.gov.tw.

（2）校园灾害应急管理的个案介绍——以"新竹市东区东门'国小'防灾教育倡导实施计划"为例①

①依据："灾害防救法"、"'灾防会'灾害防救基本计划"及校训导处年度工作计划。

②目的：

A.办理校园防灾演练，检视学校灾害处置能力及各项应变流程，整合灾害处理效能；

B.由学校师生演练与观摩，了解灾害防救的实际操作，降低受灾人数，提升防灾素养。

③办理单位：

A.主办单位：校训导处；

B.协办单位：校教务处、辅导室、总务处。

④实施日期：每学年规定防灾倡导月。

⑤实施对象：校全体师生。

⑥组织及工作分配：建置紧急应变组职，以原行政处室平时业务范围及性质来负责各项减灾工作。组织架构及工作分配如下图与表格所示：

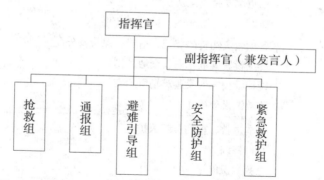

图3-3　新竹市东区东门"国小"校园灾害防救应变组织架构图

①新竹市东区东门"国小"2011学年度第二学期课程计划（2012年01月17日课程发展委员会议决），第105～107页，http://www.ndppc.nat.gov.tw。

表 3-8　校园灾害防救应变组织分工表

编组及负责人员	主要工作
指挥官——校长	负责指挥、督导、协调 负责协调及主导各组工作
副指挥官（兼发言人）——训导主任	负责统一对外发言 通报中心受灾情形、目前处置状况等
通报组——生教组	以电话通报应变中心已疏散人数、收容地点、灾情及学校教职员、学生疏散情况 负责搜集、评估、传播和使用关于灾害与资源状况发展的信息
避难引导组——教务处 各班导师	分配责任区，协助疏散学校教职员、学生至避难所 选定一适当地点作为临时避难地点 协助登记至避难所人员的身份、人数 设置服务站，提供协助与咨询 协助疏散学区周遭受灾民众至避难所 协助学区周遭受灾民众至避难所，协助登记身份、人数
抢救组——训导处	受灾学校教职员工与学生的抢救及搜救 清除障碍物协助逃生 强制疏散不愿避难的学校教职员工与学生 依情况支持安全防护组、紧急救护组
安全防护组——总务处 警卫	协助发放生活物资、粮食及饮水 各项救灾物资的登记、造册、保管及分配 协助设置警戒标志及交通管制 维护学校灾区及避难场所治安 防救灾设施操作
紧急救护组——健康中心 辅导处	基本急救、重伤员就医护送 心理咨询 急救常识倡导 提供缓解压力的方法

⑦实施方式：

A. 防灾倡导影带播放：播放防震、防火等防灾倡导影带；

B. 防灾倡导资料导读及教学；

C. 班级防灾实地演练（以地震为例）

a.事前准备：

进行相关资料的导读说明，学生应了解相关灾害常识与应对措施，以不慌张、冷静的态度从容应对；

进行班级人员分组：分配学生开门窗、关电源及掌握逃生路线等任务。

b.地震发生：

首先关闭教室内所有电器用品，包含：电灯、电扇、饮水机等；同时迅速打开门窗，以防因地震造成门窗变形而无法开启；

指导学生就地寻觅坚固安全处掩蔽（分为教室内、走廊、楼梯间等3处）；

掩蔽方式为将书包或可保护头部的物品置于头顶；

在教室内时倚靠墙壁或桌子间走道蹲下避难，尽可能避免日光灯和电扇下的位置；

在走廊时则紧靠教室侧的墙壁，头顶书包蹲下避难；

在楼梯间时则紧靠墙壁侧（非中央扶手侧）就地蹲下掩蔽；

如在操场或其他空旷地方，则勿闯进室内，并注意自上方掉落的物品，避免被砸伤。

c.地震结束：

地震结束后指导学生依序尽速离开教室，向楼下及操场迅速移动，移动时仍将书包顶在头上，并靠墙壁侧迅速下楼，如发现走道有损毁或楼梯有塌陷情形，则应立即寻找另一安全出口；

到达安全处时，应立即集合学生并清点人数，清点完毕后检视学生是否有受伤情形并作适当处理；

向训导处人员或其他处室人员报告班级现况及教室、校舍损坏情形。

d.灾害发生时紧急处理人员组织与配置，依据民防团常年训练的分配职务实施。

（三）防灾科学教育馆

防灾科学教育馆建立的目的是希望借助生活中的教育养成，教导大众正确地应对灾害，并克服灾害来临时的恐惧与惊慌，以期能远离灾害所造成的生命财产损失。

台湾第一座可以实际操作的防灾教育馆是内湖防灾科学教育馆，除了参考日本等其他先进地区的设计经验外，也特别针对在台湾地区比较容易发生的灾害，用先进的电脑及机械等方式来模拟灾害发生时的状况，让民众可以实地操作及体验，如防洪、防震、防火、防台等，以此来教导民众掌握紧急避难的技能与知识。馆内共有16个设施，分别为：入馆介绍区、儿童防灾教室、综合评价区、居家防火示范区、通报训练区、风雨体验区、居家铁窗示范区、紧急救护训练室、地震体验室、缓降机训练区、灭火训练区、烟雾体验室、科技防灾专区、高运量自走式安全梯及多媒体教室，等等。

（四）家庭防灾

在家庭防灾问题上，台湾社区民众获取灾害信息与防灾知识的渠道主要有：

1. 媒体报道，巨细靡遗地向公众介绍各类灾害的特征及预防办法；

2. 社区活动及社区组织的工作人员入户进行宣讲；

3. 灾害管理相关部门指导制作家庭防灾卡等多种方式，以强化居民个人及其家庭防灾意识及救灾能力。

如家庭防灾卡中内涵信息较为全面，在“灾防会”网站上所公布的格式中，还特意注明两点：

（1）待“‘灾防会’1919急难通讯平台计划”建置完成后，将增加全台1919语音留言电话号码及http://www.web1919.tw网络留言板；

（2）灾民收容所即紧急安置所的地址电话，可经由县（市）地区灾害防救计划中取得，可先不填写，但灾害发生后应留意政府宣布的相关信息。

台湾“灾防会”网站所公布的家庭防灾卡格式如下图所示：

家庭防灾卡

※紧急集合点

住家外:________ 社区外:________

※紧急联络人（本地）

称谓:________

手机号码:________

电话(日):________

电话(夜):________

※紧急联络人（外都市）

称谓:________

手机号码:________

电话(日):________

电话(夜):________

※灾民收容所（紧急安置所）

地点:________

电话:________

图3-4　台湾“灾防会”网站所公布的家庭防灾卡格式图

第四章　台湾社区灾害
应急管理的组织架构

社区灾害应急管理是社区至为重要的公共事务之一。根据"灾害防救法"、"人民团体法"、"社区发展工作纲要"等相关法律规章，台湾社区灾害应急管理的主管机关为乡（镇、市、区）公所，在现行灾害应急管理的权力结构中，处于基层地位，受上级政府的层级节制。但社区提倡民主自治，居民基于共同需要，遵循自动与互助的精神，配合政府行政支持、技术指导，有效运用各种资源，参与社区公共事务。公共行政管理系统与社区组织网络以及众多的灾害防救行动主体，纵横交错，形成了台湾社区灾害应急管理的组织架构。

一、台湾社区灾害应急管理的现行权力结构

"灾害防救法"确定台湾灾害应急管理体制，平时为灾害防救会报，灾时以应变中心为领导机构，指挥、调度各方面资源，应对灾害。地方政府与基层单位对应"中央"层级组织系统，形成了一个相对固定的层级制权力结构。

（一）"中央"层级灾害应急管理组织概述

依"灾害防救法"母法至 2010 年 8 月 4 日修正后的各版本，台湾地区行政部门从事灾害防救事务，均采取灾因管理体制，即明确各种不同灾害类型，在"中央"层级指定单一部门作为其业务主管机关，以取依法分工之效（如表 4-1 所示）。"按照政府对灾害防救业务的规划，地方警察消防单位的任务主要以一般灾害抢救为主（人为灾害与火灾），而对于特定天然灾害的防治如土石流、水灾，则是由地方灾害业务主管机关所负责。"[①] 统合指挥各相关部门的，则是修

---

① 康良宇:《专业团队协助推动防灾社区之研究》，台北：台湾铭传大学媒体空间设计研究所硕士论文，2005 年，第 59 页。

法后的"中央灾害防救会报"、"中央灾害防救委员会"及"行政院灾害防救办公室"等灾害管理首脑机构。

表 4-1　台湾现行"中央"层级灾害防救主管部门

主管机关	主管灾害类型
"内政部"	风灾、震灾、重大火灾、爆炸灾害
"经济部"	水灾、旱灾、公用气体与油料管线、输电线路灾害、矿灾
"农委会"	寒害、泥石流灾害、森林火灾
"交通部"	空难、海难及陆上交通事故
"环保署"	毒性化学物质灾害
依法律规定或由"中央灾害防救会报"指定的"中央"灾害防救业务主管机关	其他灾害

资料来源：作者根据修订后的"灾害防救法"自行整理。

1. "中央灾害防救会报"

"灾害防救法"第 7 条规定："中央灾害防救会报"置召集人、副召集人各一人，分别由"行政院"院长、副院长兼任；委员 27 人～31 人，由"行政院"院长就政务委员、秘书长、相关部门首长及具有灾害防救学识经验的专家、学者派兼或聘兼。"中央灾害防救会报"原则上每 3 个月召开 1 次会议，必要时召开临时会议，均由召集人召集并担任主席。召集人未能出席时，由副召集人担任主席，召集人及副召集人均未能出席时，由出席委员互推 1 人担任主席。

根据"灾害防救法"第 6 条，"中央灾害防救会报"的主要执行任务为：

（1）决定灾害防救的基本方针；

（2）核定灾害防救基本计划及"中央"灾害防救业务主管机关的灾害防救业务计划；

（3）核定重要灾害防救政策与措施；

（4）核定全台紧急灾害的应变措施；

（5）督导、考核"中央"及直辖市、县（市）灾害防救相关事项；

（6）其他依法令所规定的事项。

2."中央灾害防救委员会"

"灾害防救法"第7条第2项规定："行政院"设"中央灾害防救委员会"，置主任委员1人，由"行政院"副院长兼任，副主任委员两人，分别由"行政院"政务委员及"内政部"部长兼任。并设"行政院灾害防救办公室"，置专职人员，处理有关业务，其组织由"行政院"确定。主要任务为：

（1）执行"中央灾害防救会报"所核定的灾害防救政策，推动重大灾害防救任务及措施；

（2）规划灾害防救基本方针；

（3）拟订"灾害防救基本计划"；

（4）审查"中央"灾害防救业务主管机关的灾"害防救业务计划"；

（5）协调各"灾害防救业务计划"或地区"灾害防救计划"间相抵触而无法解决的相关事项；

（6）协调金融机构与灾区民众所需重建资金方面的相关事项；

（7）督导、考核、协调各级政府灾害防救相关事项及应变措施；

（8）其他法令规定事项。

3."行政院灾害防救办公室"

依据"灾害防救法"第7条第2项所定灾害防救业务及"行政院灾害防救办公室"设置要点，特设"行政院灾害防救办公室"，其主要执行任务为：

（1）处理"中央灾害防救会报"及"中央灾害防救委员会"的有关业务；

（2）灾害防救政策与措施的研拟，重大灾害防救任务及措施的推动；

（3）会报与委员会决议的各级政府灾害防救措施执行的督导；

（4）灾害防救基本方针及"灾害防救基本计划"的研拟；

（5）灾害防救业务计划及地区"灾害防救计划"的初审；

（6）灾害防救相关法规订修的建议；

（7）灾害预警、监测、通报系统的协助督导；

（8）紧急应变体系的规划；

（9）灾后调查与复原的协助督导；

（10）其他有关灾害防救的政策研拟及业务督导事项。

4."中央灾害应变中心"

依据"灾害防救法"第13条规定，重大灾害发生或有发生之虞时，"中央"

灾害防救业务主管机关首长应视灾害的规模、性质、灾情、影响层面及紧急应变措施等状况，决定"中央灾害应变中心"的开设时机及其分级，并应于成立后，立即报告"中央灾害防救会报"召集人，由召集人指定指挥官。

"应变中心"设指挥官 1 人，综理"应变中心"灾害应变事宜；协同指挥官 1 人～5 人，由会报召集人指定该次灾害相关的其他"中央"灾害防救业务主管机关首长担任，协助指挥官统筹灾害应变指挥事宜；副指挥官 1 人～5 人，由指挥官指定，襄助指挥官及协同指挥官处理应变中心灾害应变事宜。

"中央灾害应变中心"依照各类型灾害应变所需，将其编组架构分为前进指挥所和参谋、信息、作业及行政 4 个群组，并将 4 群组再细分为 19 个功能分组：分别为幕僚参谋组、管考（管制考核之意）追踪组、情资研判组、灾情监控组、新闻发布组、网路信息组、支援调度组、搜索救援组、疏散撤离组、收容安置组、水电维生组、交通工程组、农林渔牧组、民间资源组、医卫环保组、境外救援组、行政组、后勤组、财务组（如图 4-1 所示）。

5. 前进指挥所

根据"灾害防救基本计划"规定，"中央"灾害防救业务主管机关应视灾害规模，主动或请求派遣协调人员至灾区现场，以掌握灾害状况，实施适当的紧急应变措施；必要时，得在灾害现场或附近设置前进指挥所。

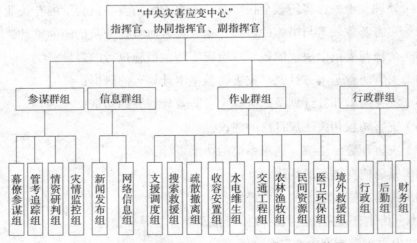

图 4-1 台湾现行"中央灾害应变中心"组织架构图

资料来源：作者根据修订后的"灾害防救法"自行整理。

（二）地方层级灾害应急管理组织概述

1. 地方灾害防救会报

（1）直辖市、县（市）政府灾害防救会报

依据"灾害防救法"第9条，直辖市、县（市）灾害防救会报置召集人1人、副召集人1人或2人，分别由直辖市、县（市）政府正、副首长兼任；委员若干人，由直辖市、县（市）长就有关机关、单位首长、军事机关代表及具有灾害防救学识经验的专家、学者派兼或聘兼。

第8条规定：直辖市、县（市）政府设直辖市、县（市）灾害防救会报，其任务如下：

①核定各该直辖市、县（市）"灾害防救计划"；

②核定重要灾害防救措施与对策；

③核定辖区内灾害的紧急应变措施；

④督导、考核辖区内灾害防救相关事项；

⑤其他依法令规定事项。

第9条还指出，直辖市、县（市）灾害防救会报事务交由直辖市、县（市）灾害防救办公室执行，而其组织由直辖市、县（市）政府予以确定。

（2）乡（镇、市）灾害防救会报

"灾害防救法"第11条规定：乡（镇、市）灾害防救会报置召集人、副召集人各1人，委员若干人。召集人由乡（镇、市）长担任；副召集人由乡（镇、市）公所主任秘书或秘书担任；委员由乡（镇、市）长就各该乡（镇、市）地区灾害防救计划中指定的单位代表派兼或聘兼。

依第10条规定，乡（镇、市）公所设乡（镇、市）灾害防救会报，其任务如下：

①核定各该乡（镇、市）地区"灾害防救计划"；

②核定重要灾害防救措施及对策；

③推动疏散收容安置、灾情通报、灾后紧急抢通、环境清理等灾害紧急应变及整备措施；

④推动社区灾害防救事宜；

⑤其他依法令规定事项。

第11条也指出，乡（镇、市）灾害防救会报事务交由乡（镇、市）灾害防救办公室执行，而其组织由乡（镇、市）公所确定。

2. 地方灾害应变中心

依据"灾害防救法"第 12 条规定，为预防灾害或有效推行灾害应变措施，当灾害发生或有发生之虞时，直辖市、县（市）及乡（镇、市）灾害防救会报召集人应视灾害规模成立灾害应变中心，并担任指挥官。前项灾害应变中心成立时机、程序及编组，由直辖市、县（市）政府及乡（镇、市）公所确定。

3. 地方灾害防救办公室

依据"灾害防救法"第 9 条与第 11 条规定，设置直辖市、县（市）与乡（镇、市）灾害防救办公室，以执行直辖市、县（市）与乡（镇、市）灾害防救会报事务，其组织由各地方政府确定。

4. 紧急应变小组

依据"灾害防救法"第 14 条规定，灾害发生或有发生之虞时，为处理灾害防救事宜或配合各级"灾害应变中心"执行灾害应变措施，"灾害防救业务计划"及地区"灾害防救计划"指定的机关、单位或公共事业，应设紧急应变小组，执行各项应变措施。

（三）灾害应急管理基层组织的实务运作状况

无论是母法还是以后的各次修订，台湾"灾害防救法"均未将社区层级的灾害应急管理组织及事项明确列入。作为社区灾害应急管理的主管机关，乡（镇、市、区）公所处于灾害应急管理体系的基层，通过社区的村（里）组织，在社区与政府部门之间进行沟通与协调，以执行灾害应急管理的各项事责。

根据"灾害防救法"，乡（镇、市、区）公所对于灾害问题，主要办理下列工作：

（1）设立灾害防救会报，并应结合全民防卫动员准备体系，实施相关的灾害防救、应变及召集事项；

（2）灾害发生时，设立灾害应变中心及紧急应变小组；

（3）拟订地区"灾害防救计划"；

（4）于灾害发生或有发生之虞时，应劝告民众或强制其撤离，并作适当安置；

（5）实施灾害防救训练及演习；

（6）民众发现灾害或有发生灾害之虞时，应立即主动通报消防或警察单位、村（里）长或村（里）干事。各受理单位或人员接受灾情通报后，应主动搜集、传达相关灾情并迅速采取必要的措施；

（7）当无法应对处理灾害事件时，乡（镇、市、区）公所应请求县（市）政府指派协调人员提供支持协助。

由此可见，乡（镇、市、区）公所和社区村（里）是在第一线直接执行灾害防救任务的组织，在准备计划、筹措经费与制定行动纲领等各方面都应具有相当能力。但在"分层蛋糕型"[①]的灾害管理组织结构中，其实务运作并非如此，主要困境表现在以下几个方面：

首先，由于乡（镇、市、区）公所的经费资源有限、技术能力不足与执行人力欠缺，设置专责性灾害管理机构的并不多。特别是一些欠发展地区的乡（镇、市），当灾害发生时，其灾害应变中心往往直接受创，没有能力去执行救灾，而是直接将任务交给县（市）层级的灾害防救中心。原则上，乡（镇、市）公所灾害防救工作由民政课办理，是课内一位承办人所办业务的其中一项，只有彰化县二水乡由行政课、花莲县新城乡由社政课办理灾害防救业务。

陈稔惠（2010）曾持续至部分乡（镇、市）公所访视，发现应变中心的设置地点是否妥当、设备是否齐全等，与公所重视程度及财政状况呈正相关。有的公所将应变中心设于会议室，有的则设于承办人工作区或公所接待区，但很少有设于灾害现场以统合指挥应变事宜的。

经多年宣传后，目前大部分乡（镇、市、区）已逐渐了解应变中心在发掘资源、协调资源、整合资源然后分工合作等方面的功能精神，甚至将警察、消防、台电公司、瓦斯公司等纳入进驻单位，但因"灾害防救法"并无乡（镇、市、区）公所得成立现地指挥所或现地灾害应变中心的规定，以致于灾害现场大多仍是前进指挥所（站），顶多是乡（镇、市、区）民政课等人员前往协助或了解，或由乡（镇、市、区）长巡视灾区后将所见问题带回公所解决。"八八"水灾时，仅知有台南县新市乡乡长决定成立现地指挥所（不与消防现地指挥站

---

① 陈稔惠：《灾害应变制度之研究——以"中央"与地方关系为主题》，台北：东吴大学法律学系硕士在职专班法律专业组硕士论文，2010年，第27页。

结合，由乡公所自行独立设立），以就近协调事务[①]。

其次，随着灾害的复合性特征日益明显，部门制切割式的灾害应急管理欠缺横向联结与协调，亦给基层组织带来繁琐的行政程序，不可避免地影响到救灾效率。最直接的一点是，当地方政府申请上级支援时，还需搞清楚此次灾害为何类型，以便向何种灾害业务主管机关申请，若为复合型灾害，"则要保佑不要押错边，遇到推诿的业务主管机关，光说明与厘清此次复合型灾害应偏归于哪一种灾害就有得忙，更何谈得上迅速获得支援。"[②]

再次，在强制疏散、撤离和灾后安置资源的分配与调度等需与社区民众面对面的事项处理上，乡（镇、市、区）公所和村（里）长都会面临一些困境。

当某地区被认为会发生危险，根据灾区指挥官的命令，公所工作人员需去进行劝导，大部分民众会听从，但有几户比较固执，规劝无效时，便需邀集消防局、警察局、当地的（村）里长、（村）里干事去开劝导单和罚单。但或许怕得罪人，到现场没有人愿意开罚单，执行撤离。消防局认为是由区公所开单执行，区公所认为由警察局开单、消防局执行撤离较恰当，最后还是由区公所开单，消防局与警察局负责强制撤离[③]。

而村（里）长则在物资调度中扮演发送物资的角色。但总有些非受灾户与受灾户一起来领取救灾物资或重复领取物资。面对着自己村（里）内会用投票来决定自己下任是否可以胜选的民众，村（里）长就"面临是否该为了选票而讨好选民或是坚守自己的本分的两难"。[④]

最后，尽管"灾害防救法"颁行多年，但"八八"水灾时，仍有若干乡（镇、市、区）长不仅不知得运用第31条相关强制应变措施，以征调征用民间资源协助救灾，甚至将灾害处理责任推向县府。当时仅知有台南县新市乡乡长

---

① 参见陈稔惠：《灾害应变制度之研究——以"中央"与地方关系为主题》，台北：东吴大学法律学系硕士在职专班法律专业组硕士论文，2010年，第84页。

② 陈稔惠：《灾害应变制度之研究——以"中央"与地方关系为主题》，台北：东吴大学法律学系硕士在职专班法律专业组硕士论文，2010年，第28页。

③ 李小梅：《自然灾害型危机管理之研究——基隆"象神台风"个案分析》，台北：政治大学社会科学学院行政管理硕士学程第三届硕士论文，2003年，第6章第3页。

④ 参见余君山：《高雄县灾害应变中心危机处理之探讨——以莫拉克风灾为例》，台北：台北大学公共行政暨政策学系硕士论文，2011年，第94页。

因曾任乡秘书的经验，知道法律有授权规定，故先以紧急口头命令，征调、征用乡内便当业者、医生等人力资源。待事后欲补书面公文时，民众都已回到乡里，被征调者表示愿意义务为社区救灾出力，而不请求补偿①。

二、台湾社区灾害应急管理的组织网络

台湾社区灾害应急管理的实践一再证明，"全然依赖政府紧急救助的灾害处置并不符实际且无法因应外在变迁"②。当自上而下的组织权力结构或曰官僚系统功能受限、效率不彰，无法有效应对灾害时，作为替代性体系的社区组织常能适时地弥补政府的不足之处，凭借较为健全的组织网络系统，运用草根力量和自治精神，转而促使村（里）邻组织系统改进管理方式，在实务操作中完善基层组织灾害应急管理体制机制。这些组织包括政府组织结构的延伸，如村（里）邻组织，但更多的是社区自组织，如社区发展协会、守望相助巡守队、睦邻救援队等，尽管后者常带有政府相关部门指导的色彩，但其运转主要依靠社区居民的积极参与和行动。具体来看：

（一）村（里）组织与社区发展协会

依据台湾"地方自治法"，村（里）邻组织为地方行政组织的一部分，职能为执行政府政策，代表政府公权力的延伸，其地域范围依政府行政需求予以划定，运作费用、项目及标准均由法律确定，不同于人民团体。组织机构包括村（里）民大会、村（里）民代表、村（里）长、邻长、村（里）干事、里监事等。由于村（里）长民选，村（里）自然成为地方自治最基础的单位。有民意基础的村（里）长更是基层民意的来源，负责社区内的各项大小事务，如对居民做工作、联系修缮社区公共设施、调解邻里纠纷，等等。

而在社区实务运作中，无论是转型前或是转型后的社区组织，都与村（里）组织有着盘根错节的关系。

① 陈稔惠：《灾害应变制度之研究——以"中央"与地方关系为主题》，台北：东吴大学法律学系硕士在职专班法律专业组硕士论文，2010年，第78页。

② 詹中原等：《政府危机管理》，台北：空中大学，2006年版，第330页。

表 4-2   1991 年台湾社区组织转型前后的比较

组织名称	社区理事会（1991 年前）	社区发展协会（1991 年后）
成立依据	"社区发展工作纲领"	"社区发展工作纲要"
组织属性	社会运动机构	自助互助的人民团体
成立方式	由政府辅导成立	政府应辅导社区居民依法设立
成立条件	由区内居民每户代表 1 人，选举理事组织	年满 20 岁、30 人以上发起，即可向主管机关申请许可
地域范围	社区划定不受村里行政区域限制	社区划定受村里行政区域限制
里邻组织	村（里）长为社区理事会当然理事 总干事得酌用社区工作人员 理事选举，因幅员辽阔可配合村（里）民大会办理	村（里）长自由加入

资料来源：吴明儒、陈竹上：《台湾社区发展组织政策变迁途径之探讨》，载李天赏主编《台湾的社区与组织》，台北：扬智文化事业股份有限公司，2005 年版，第 156 页。

在 1991 年"内政部"修订"社区发展工作纲要"之后，社区发展协会的设立与一般人民团体已无二致，由社区民众自发组成，村（里）长并非当然理事。根据"内政部"2002 年 5 月印行的《社政年报》，至 2001 年 12 月底，台湾已成立的社区发展协会有 9596 个，运作推动社区发展，继续推行社区公共设施、生产福利、精神伦理建设[①]。

依据修订后的"社区发展工作纲要"第 7 条～10 条与第 14 条规定，社区发展协会设会员（会员代表）大会、理事会及监事会。另为推动社区发展工作需要，得聘请顾问，并得设各种内部作业组织。会员（会员代表）大会为社区发展协会最高权力机构，有个人会员、团体会员和赞助会员之分。个人会员由社区居民自动申请加入；团体会员由社区内各机关、机构、学校及团体申请加入，并依章程推派会员代表 1 人～5 人。社区外赞助本社区发展协会的其他团体或个人，得申请加入为赞助会员。赞助会员无表决权、选举权、被选举权及罢免权。理事会、监事会由会员（会员代表）于会员（会员代表）大会中选举理事、

① 参见蔡宏进：《社区原理》，台北：三民书局，2005 年版，第 345 页。

监事分别组成。社区发展协会置总干事1人，并得聘用社区工作人员及其他工作人员若干人，推动社区各项业务。社区发展协会还应设社区活动中心，作为举办各种活动的场所。主管机关得于辖区内设置综合福利服务中心，推动社区福利服务工作。

"社区发展工作纲要"同时要求社区发展协会应与辖区内的有关机关、机构、学校、团体及村（里）办公处加强协调、联系，以争取其支持社区发展工作并维护成果。虽然理事长和村（里）长的角色功能十分不同，但并不意味着两者必然产生对立的关系。在了解社区的真正意义下，社区中最主要的两位领导精英能够齐心协力，已经成为一个优质社区的前提条件，社区总干事由村（里）长担任的情况较为普遍。如台南市南区金华社区与国民健康局及卫生局密切分工，联合11个社区，在互动的过程中建立"社区发展协会理事长与当地里长必须紧密配合，调整组织与参与学习课程"的制度，刺激社区事务持续推动，在10余年社区营造中发展出的"金华经验"，造就了许多骄人的绩效，社区发展协会更将其经验及制度推广至整个台南市。

当然，也不能否认，台湾"现行的社区发展协会与村里之范围重叠，两者组织定位虽有不同，而在目标功能上却相同，以致经常出现角色重叠或混淆情况，甚或产生派系纠葛、争夺资源。"[1]地方的动员领袖人物与支持者，可能将社区组织与社区发展视为争取特定利益的工具，成为地方派系利益与冲突之源，甚至使社区成为政治角力的场域，陷入派系与政治斗争中。因此，"社区底层遇到最大的一个困难是地方政治派系的介入，社区发展协会长期以来被地方派系所垄断，不是他派系的人要进入这样一个组织非常困难。"[2]

此外，许多政府政策包括灾害应急管理政策与措施的推动，仍需要社区发展协会的协力配合，各个政府单位的计划必须通过它来加以整合与落实。与一般的民间社团组织相比，社区发展协会似乎又多了一点官方色彩，具有"既公又私"、"半公半私"的性质，尚需继续扩大参与层面，回归人民团体的基本精

---

① 吴明儒、陈竹上：《台湾社区发展组织政策变迁途径之探讨》，载李天赏主编《台湾的社区与组织》，台北：扬智文化事业股份有限公司，2005年版，第160页。

② 吴明儒、陈竹上：《台湾社区发展组织政策变迁途径之探讨》，载李天赏主编《台湾的社区与组织》，台北：扬智文化事业股份有限公司，2005年版，第147页。

神，落实社区自治的理念①。

（二）社区自组织

"社区发展的理想境界是社区居民能自动自发谋求发展。"②在台湾社区发展与社区防救灾总体营造的推动下，社区居民灾害意识与参与意愿逐步增强，自发组织起来，利用余暇，激发潜能，协助社区自助自治。每一个社区都运用有限的资源，克服各种阻碍，通过社区守望相助队、社区志工队、妈妈教室等社区自组织，从事社区安全、防灾救灾、环境绿美化、资源回收、垃圾分类、照顾老幼弱等义务工作，同时办理各项社区研习及观摩活动，充分显露出社区动员的能量。

例如，地处台南市南区北郊与市中心区交界的文南社区，原属鱼塘推平后兴建的半开发商住区，开发20余年来，组建的社区志工团队除了文南社区发展协会外，还有环保志工队、守望相助队、睦邻救援队、桌球会、妇女会等多个团体。其中睦邻救援队有52人，是全台最早以社区为单位在县（市）成立的灾害防救组织③。

表4-3　台湾典型社区的自组织一览表

社区名称	所在地区	社区类型	社区内各类组织名称（除社区发展协会外）
文南社区	台南市南区	都市型	爱心会、环保志工队、守望相助队、睦邻救援队、桌球会、妇女会、疫情防治中心
双和社区	台北市信义区	都市型	社区巡守队、信义健康营造协会
南势社区	彰化县鹿港镇	乡村型	环保志工队、长青俱乐部、春风少年队、守望相助队、河川巡守队、社区妈妈志工服务队、家扶中心
庆福社区	台中县东势镇	乡村型	妈妈教室、武术研究班（共三班）、老人会、天公庙管理委员会

① 参见吴明儒、陈竹上：《台湾社区发展组织政策变迁途径之探讨》，载李天赏主编《台湾的社区与组织》，台北：扬智文化事业股份有限公司，2005年版，第160页。

② 蔡宏进：《社区原理》，台北：三民书局，2005年版，第349页。

③ 参见李宗勋：《网络社会与安全治理》，台北：元照出版有限公司，2008年版，第119页。

（续表）

社区名称	所在地区	社区类型	社区内各类组织名称（除社区发展协会外）
上安社区	南投县水里乡	乡村型	社区妈妈义工、社区读书会、各蔬果产销班队、社区篮球联盟
锦平社区	台中市北区	城乡型	文宣小组、守望相助巡守队
桃米社区	南投县埔里镇	乡村型	福同宫管理委员会、埔里镇环保卫生改善监督促进会、守望相助队、长寿俱乐部、妈妈教室、金狮阵、国乐团

资料来源：作者自行整理。

（三）与警政部门密切合作的社区灾害防救组织

现代以来，工业化、都市化的迅速发展，反而促使台湾社会愈益认识到邻里之间守望相助这一文化传统的特殊意义与重要作用，许多社区在推动社区发展的过程中，自发成立了社区守望相助队。如金华社区从1983年即推动守望相助工作，为台南市第一，成员由原先的70余人，扩大招募至百余人。

社区自发自主的防救灾组织与高效行动，为政府相关部门的施政提供了思路。1996年12月全台治安会议提出"积极推行社区守望相助、普遍推广家户联防警报连线系统"，1998年颁行"守望相助再出发推行方案"，大力鼓励推动社区守望相助巡守队的成立。各社区守望相助巡守队以倍数增长的速度纷纷成立。

锦平社区守望相助巡守队的分工为巡守、减灾以及防家暴，有40余位热心志工参与，包括6位来自其他社区的民众帮忙，并有技术学院的老师、医药学院的药剂师和教会牧师担任队员。桃园县八德大智里社区巡守队虽然欠缺明文的组织规范，但十分强调组织纪律，也认知到自我训练的重要，平时不定期邀请专职教官指导防身擒拿术，参与消防机关或民间救难单位办理的消防演练，实际操演紧急逃难疏散等减灾预备行为。金华社区巡守队队员均接受过基本训练，如人身安全防护训练、紧急医疗救护训练（CPR）。双和社区则打破了一般巡守队独自运作的现象，设计出"会哨"制度，在巡守定点与警察会合，交换社区最新状况，将几个巡守点与警察结合，更将巡守的最后一站设在派出所。

社区守望相助巡守队与警政部门联合，积极参与平日巡守、减灾、演练等活动，增强了社区灾害防救能力。

（四）接受消防部门指导的社区灾害防救组织

为了有效实施预防火灾、灾害抢救以及紧急救护三大法定任务，台湾"消防署"自 1998 年起，以民力运用的概念，依据消防救难的工作性质，划设出 4 大义勇志工组织类型：社区妇女防火宣传队、义勇消防队、凤凰义工队、睦邻救援队。目的即在于：达到有效运用民间救难组织力量，并配合政府机制，致力于紧急灾害救援工作。社区灾害防救组织由此得以成规模发展，成效卓著[①]。

1. 社区妇女防火宣传队

随着社会高度发展以及家庭用电用火量增加，"消防署"鉴于每年火灾发生频繁，故于 1999 年 9 月 4 日，首先在台北县（市）地区成立妇女防火宣传队。主要任务在于：针对居家用电、瓦斯安全及避难逃生等事项，深入家庭从事防火、防灾的宣导工作，平日以潜移默化的方式，于社区邻里中培育居民防火观念及灭火技能，以降低住宅火灾发生的几率及其引发的伤亡率。在招募资格方面，只要是社区的热心妇女，年龄介于 20 岁到 70 岁的皆可参与"消防署"的受训课程。总计有 230 队 6420 名妇女防火宣导员。

2. 义勇消防队

义勇消防队是台湾成立最久的民间救难组织，由政府依法设立，以协助消防单位灭火与抢救灾害为主要任务。"消防署"于 1998 年 12 月 11 日，配合"台湾省义勇消防组织编组训练演习服勤办法"的修正，将台湾省各县（市）义勇消防大队改制为总队。至 1999 年 12 月底，全台已有 11 个县（市）陆续成立义勇消防总队，并逐步发展到总计 16,518 名队员的规模。义勇消防人员均由热心地方公益人士担任救灾、救难及救护工作，以牺牲奉献、不求回报的精神，协助政府单位进行灾害抢救与灭火的工作，有效弥补了现有消防人力的不足。

---

① 参见詹桂绮：《社区防救灾推动方式与流程之比较研究——以"社区防救灾总体营造实施计划"案例为对象》，台北：台湾大学建筑与城乡研究所硕士论文，2003 年，第 29 ～ 30 页。康良宇：《专业团队协助推动防灾社区之研究》，台北：台湾铭传大学媒体空间设计研究所硕士论文，2005 年，第 26 页。萧江碧：《都市老旧社区防灾规划原则及改善方案示范计划之研究——以台中市新兴、乐英及东势社区为例》，台北："内政部建筑研究所"研究报告，2009 年，第 38 页。李宗勋：《网络社会与安全治理》，台北：元照出版有限公司，2008 年版，第 169 页。

3. 凤凰志工队

为了有效提升紧急救难的品质，增进社会安全，"消防署"于1999年9月21日订定"凤凰计划"，希冀能借助民间志工的参与以强化紧急救难的工作。主要目的在于训练紧急救护人员，在灾害应变时发挥救护医疗的能力。凡愿意提供余暇时间参与救护工作的社会大众，以及具有助人热忱与服务志趣的，均可报名，但必须经过严格的专业训练，以及取得初级救护技术员及格证书后，才能从事紧急救护的任务。凤凰志工队员是志愿服务推展紧急救护工作者，秉持"以服务充实人生，用关怀增进温情"的理念。总计有26队2346名凤凰志工人员。

4. 睦邻救援队

睦邻救援队（Neighborhood Rescue Team，简称为NRT），是指灾害发生后，在救灾人员尚未抵达前，或由于灾区过于广泛，政府抢救部门一时尚无足够人力进行救援前，由当地经过适当训练且具备自动、自发运用简易救灾技能的社区居民，发挥敦亲睦邻、守望相助的精神，能以搜救工具来协助亲友或邻居脱离紧急困境的自发性组织。

鉴于1999年9·21地震的经验，以及地方社区自主防救灾能力的重要性，"消防署"本着"凝结民力参与紧急灾害救援工作"的理念，推动"睦邻计划"，以各县（市）内社区为单位，招募地方有意愿且具有助人热忱与服务志愿的志工，以宣导说明会及基本防救灾训练的方式，完成了社区睦邻救援队的建置工作。

睦邻救援队的组织，是以社区或联合邻近社区为核心，以生活共同圈的服务输送可近性、社区居民参与性及社会资源完整性作为规划的范围，进而结合社区内的社区发展协会、救难团体、义消、义警、义交、民防、社区巡守队、凤凰志工队、慈济工作队、民间医疗所及其他志愿服务团队，从中遴选50名以上志工即可组成。筹组之前必须先与当地消防机关接洽办理，经由县（市）消防局辅导、训练、编组，并经"内政部消防署"授旗成立后，由消防局发给证书，正式纳入消防机关的救援团队。

对于那些在"睦邻计划"推动前就已自行成立的社区睦邻救援队，则责属当地县（市）消防局指导。如台南市的文南社区在9·21地震以后，即以广播倡导乐捐，里民立刻响应捐款125万元，并发送4辆15吨货车载运救灾物资迅速前往灾区；随即自发性地发动组成社区的睦邻救援队，会请消防单位对队员进行各项自主性救灾训练的培养。初期成员有 52 名，每半年受训 10 天；并于 2001 年获"消防署"补助装备 88 万元，责属台南市消防局指导训练。

凡是参加培训的居民，必须参加 18 小时以上的教育训练，包括灾害准备、火灾灭火、医疗救护、简易救护、灾后心理与团队组织、志愿服务伦理、课程复习与模拟等课程，经由训练单位考评合格，由训练单位发给结业证书后，方可从事社区防救灾工作。初训合格领有结业证明书的队员还须于每年 4 月、10 月参加复训一次，时间为 10 小时以上，以维持并增强灾后救援的技能和方法。

一般情况下，睦邻救援队根据灾害抢救任务区分为灭火组、搜救组、医疗组、后勤组。

（1）灭火组：负责使用灭火器扑灭小型火灾；在必要时将居民撤离危险物品泄漏地区。

（2）搜救组：负责搜查结构未毁损的建筑物，并在外表留下记号以资辨识；在搜救过程中营救出伤者，衡量其伤势，并将其送往医疗站。

（3）医疗组：负责设立安全且远离危险情况的医疗站，为护送至医疗站的伤者做进一步检查。伤者病情如有变化，立即更改伤者的伤情分类，协助将需要立即处理的伤者送往重伤医疗中心。

（4）后勤组：负责提供其他各组所需物品、工具、粮食及饮水；支援其他各组作为后备队员；并设立通信网，负责队员间通信联络，传递信息给其他各组队员及支援单位。

（五）"社区防救灾总体营造计划"实施中的组织调整

受"'消防署'民力运用计划"实施的影响，在"社区防救灾总体营造计划"实施之前，台湾许多社区内部早已存在不同形态的防灾社区组织，均普遍利用推动计划，进行社区灾害防救组织的调整。以木屐寮社区为例，社区灾害应急管理组织的成员大多是由里长办公室、社区发展协会以及凤凰志工队干部担任，并积极招募村内热心居民加入，以完备社区防救灾人力。另外，虽然有些社区未曾实施过"民力运用计划"，但由于本身长期推动社区营造，所以也在"社区防救灾总体营造计划"执行前，即具备简易的防灾社区组织，如城中城社区长期与汐止市社区大学、台北县社区规划师致力于环境问题的改善，当社区面对洪水灾害时，社区管理委员会亦成立防灾中心进行应变救难。所以，在社区灾害应急管理组织的筹设过程中，居民普遍基于"民力运用计划"，继而招募村

（里）办公室、社区发展协会人员予以筹组，在组织运作上，亦以村（里）长或发展协会理事长为主导。

三、台湾社区灾害应急管理的行动主体

在台湾社区灾害应急管理的组织架构中，各相关行动主体是多元互赖、有机衔接并互相联动的。网络中最基本的单位是居民，社区灾害应急管理的最终目的就是为了尽可能地减少甚或避免灾害的发生对居民生命及财产安全的损伤，而居民个人或其家庭又是灾害防救的关键角色。对其灾害意识与防救灾能力的培养与加强，离不开社区日常的组织、宣传、教育、培训以及灾时的救助等各方面管理工作。良好的社区灾害应急管理还需要来自政府、专业团队、企业等方面的推动与辅助，特别是在灾害发生时，包括宗教团体在内的民间紧急救援组织及其他非政府组织的力量也更多地展现出来。具体分析如下：

（一）社区居民

无论是个人还是家庭，民众都是社区防灾、减灾、救灾和灾后重建的关键角色。"一个人可能没有家庭，却很难脱离社区而生活"，其言行、活动与所位处的社区密切关联，"自然他会放眼注意社区的一切活动与性质，尤其会关切与自己的生活最有密切关系的那部分社区事项或活动"。[①] 台湾民众在社区灾害应急管理中的主要作用不仅表现在积极参与社区各种防救灾组织，加强个人与家庭在日常生活中的灾害预防工作，而且表现在灾时能够给予政府部门恰当的配合与理解以及相互之间的主动救助。

灾多灾重的地情，培养了台湾民众普遍较强的灾害意识，尤其是历经了"八八"水灾的教训，民众已能主动配合政府要求，提早进行预防性撤离，不再像过去那样得村（里）长或干事登门劝导，甚至需政府部门来开罚单。如2009年10月芭玛台风之前，因"八八"水灾时坍塌的道路再次中断，高雄六龟乡的6个村落都必须强制性撤离，没等消防人员上门劝说，居民早就做好了撤离准备，同时撤离的还有南投信义乡神木村的200多位居民，而当地的龙山温泉区正在抓紧赶工，加高挡土墙。这就大大减轻了芭玛台风带来的灾损，只有1例死亡报道，与不久之前的莫拉克台风形成鲜明对比。此后每年台风和暴雨来临

---

① 蔡宏进：《社区原理》，台北：三民书局，2005年版，第2页。

之前，民众都能自觉配合这种带有强制性的预防性撤离，可说是已成习惯了。而学校与社区的防灾教育也使之加强了个人及其家庭的灾害预防意识与自救能力。

社区居民对基层政府在灾时的指挥也给予了理解。如2010年8月底强烈台风南玛都侵台，乡（镇、市）长担起了救灾第一线指挥官的重任。当时，提前撤离11,000多灾区民众，重灾区屏东县因而无人死亡。事后比对气象局提前撤离地区的雨量纪录，与下达强制撤离令的法定标准虽还有一段距离，但无人追究第一线指挥官，这显示出民众理解在维护性命安全前提下，给指挥官弹性空间是必要的。

至于灾害发生后，社区居民之间的互助互救，更是在守望相助的文化传统中得以充分体现。例如，9·21震灾发生时，位于埔里盆地东端的蜈蚣社区，在强震过后，幸运逃出的居民并未四散避难，而是开始相互呼叫，彼此协助找寻尚未看到的邻居，并把受到惊吓的老人、小孩安置到空旷地方，然后开始编组，由青壮的男士们整理倒塌遍地的瓦砾、断垣残壁，妇女团体则负责寻找可用物资，煮起供给大家充饥的大锅饭，让地震造成的恐惧不安逐渐平静下来。（陈亮全、黄小玲，2000）①

（二）社区组织

社区是介于民众个人及其家庭与政府之间相当重要的中介体系。由于民众的参与是营造社区防救灾的主力，但必须通过彼此之间的频繁互动与共同分享灾害经验才会得以推动，故而扶持和推动各种社区组织发展，使之在社区防救灾中发挥出居民参与和能力成长的渠道作用，是十分必要的。为此，台湾社区组织积极支持居民的自组织建设，鼓励居民积极参与社区防救灾，通过各种方式加强其灾害意识与防救灾能力。

台湾社区组织在社区灾害应急管理中的作用主要表现在：

1.积极进行社区总体营造，努力争取政府部门支持，为社区防救灾工作准备良好的条件

经过近20年的社区总体营造，当今的台湾社区发展已不再是单纯的基础环

---

① 参见詹桂绮：《社区防救灾推动方式与流程之比较研究——以"社区防救灾总体营造实施计划"案例为对象》，台北：台湾大学建筑与城乡研究所硕士论文，2003年，第25页。

境改造、文史研习、产业振兴，而是逐步迈向生态环境保育、景观风貌营造、文化创意产业以及福利社会的全方位重构历程，为社区灾害应急管理奠定了坚实的物质基础和丰富的人力资源。在社区组织和居民的共同努力下，社区防救灾的各项事务得以顺利推展，政府部门举办的各类社区评鉴活动也有力地激发了社区自主防救灾意识和能力的提升。如台北市忠顺社区，自2003年10月起，由理事长曾宁旖女士发起招募社区热心居民，成立忠顺社区发展协会，通过社区刊物、社区活动、社区成长课程与社区巡守队、志工队等多种渠道和方式，陆续推动社区内各项事务，在2005年台闽地区社区发展工作评鉴中，以"超乎想巷"的防火巷改造、守望相助巡守队的社区安全维护、活力四射的社区志工团队等多项特色，获得诸多殊荣与奖励肯定。

2. 运用多种方式，宣传、组织、动员居民参与社区防救灾工作，提高居民的灾害意识与防救灾能力

社区防救灾工作的推动离不开社区组织的积极作为。以"金华经验"而闻名全台的金华社区，里长积极推动社区防灾，曾被"灾防会"选为实验社区，于2005年11月19日完成9项防灾相关实务操作演练与培训课程，并于2006年3月将成果带至旧金山参加国际研讨会。社区还积极配合"国民健康局"及台南市卫生局，推动登革热、SARS等传染病疫情防治，由里长担任指挥，成立"防疫义勇军"。创作"阮厝拢无蠓"歌曲，教导居民注意防治登革热，委请邻长挨家挨户发放传单，教导住户清理积水容器，动员社区义工实施社区环境总清理，进行病媒蚊密度调查，划定警戒区域。2003年发生SARS疫情后，立即于社区公园设置户外防疫中心，半数（约3000余位）居民主动前来咨询，由防疫中心提供防疫相关知识，让居民回家后能自主做好防疫及健康管理，避免社区感染。

与之相邻的文南社区学习"金华经验"，建立"疫情防治中心"，动员社区环保志工队成立防治宣传队，挨家挨户宣导，落实防治工作。2002年3月，文南代表台南市社区办理全台登革热防治观摩会，获市府颁发表扬防治登革热有功模范社区；此外，通过举办别出心裁的捉孑孓大赛，以寓乐于教的方式，提醒居民消灭病媒蚊孳生源的重要。文南社区获选全台十大防疫模范社区，也是全台唯一的"都市型"模范社区。

3. 社区核心领导人物的作用

社区共识的形成并非一朝一日之事。台湾社区灾害应急管理的经验表明，

在经年累月应对灾害的共同经历中，社区能养成灾害防救的自觉乃至于习惯，有赖于社区核心领导人物的出现。社区组织领导者的才能与领导风格，配合组织制度体系的建立，能引导社区防救灾工作建立起良好的运转机制。这个核心领导人物，是组织中的关键动员者，是组织内与组织之间的中介者，"能力、善意、正直"[①]，是其重要品质。社区的营造与灾害管理不仅需要核心人物以社区为家的精神并用心付出，而且其个人背景也让社区有着不同的资源渠道。

如上安社区的村长过去曾为高阶职业军人，在军中服务 30 年，以上校官阶退伍，本身对于救灾工作、组织管理以及行政作业有着深厚的经验，其军职背景也强化了所在社区与政府之间的协力关系，关于社区总体营造、村里建设等方面的资讯，"县政府都会第一手交给村长"[②]。

而双和社区的巡守队队长，是双和社区内居民，本身从事律师工作，又担任台北信义"国小"家长会会长和嘉义旅北同乡会太保乡联谊会会长，对公部门领域比较熟，于 1998 年被居民推选出来担任双和社区发展协会理事长，发挥法律专长与组织能力，首先尝试社区业务与相关经费的收支予以制度化，建立了财务管理制度的公开化。因本身无社区派系问题，又被委以巡守队队长之任，将巡守队以义工分组的方式，每晚在社区内巡逻，有效提高了社区的治安。并于 2000 年筹组社区环保义工队，协助居民做资源回收、清扫社区巷弄马路等方面工作。还以信义区社区健康营造中心主任委员的身份，着手策划将中心转型为人民团体的台北市信义社区健康营造协会，是全台第一个自行筹组依法向行政管理部门立案而转型为人民团体的组织。他最大的贡献在于，"替社区内每一个组织都设立了良好的制度来运作"[③]，持续培养领导干部带动社区巡守，将社区内各个组织做了资源上的统合，创造共享利益的连结平台。这种作为的最大影响就是，当他后来渐渐退出每个社区组织的核心干部岗位时，每个组织的成员仍然遵循着既有的制度，丝毫不受干部更迭的改变以致影响社区事务工作。

4. 社区内的学校、教会等机构，在社区灾害应急管理中也常常发挥提供场

---

① 李宗勋：《网络社会与安全治理》，台北：元照出版有限公司，2008 年版，第 174 页。

② 康良宇：《专业团队协助推动防灾社区之研究》，台北：台湾铭传大学媒体空间设计研究所硕士论文，2005 年，第 58 页。

③ 李宗勋：《网络社会与安全治理》，台北：元照出版有限公司，2008 年版，第 156 页。

所与师资、组织社区活动、凝聚社区意识等方面的重要作用

特别是在原住民族社区发展中，宗教组织长期扮演着陪伴、辅导的角色，影响较大的为基督教长老教会。如在花莲县万荣乡见晴社区，长老教会除了亦为防灾社区组织的一员外，也全程参与灾前演练、讲习等活动。在南投县信义乡丰丘村的上丰丘，前来辅助社区进行防救灾总体营造的专业团队的活动举办，都通过长老教会系统，教会的长老与专业团队一直保持密切的联系，也是主要的对话窗口。在长期的社区防救灾计划推动影响下，教会长老及牧师们对社区防救灾工作具有一定的概念，防汛期间，长老与牧师们会在与信众聚会期间宣讲引导灾害预防整备及应变等事项，对社区具有很大的影响力。在组织运作动员上，也主要依靠长老教会的力量。

（三）政府部门

由上可见，台湾社区组织是社区居民的灾害防救意识与能力培养的重要渠道。而社区组织能否有效地进行灾害应急管理，在很大程度上依赖于政府部门的重视与支持。政府因其权威与资源上的优势，在灾害应急管理方面的行政作为，关系到社区对于灾害的关心与了解，进而促使社区将关注力与资源投入到灾害的防治与抢救中，因而在社区灾害应急管理中是极其重要的推动力量。

台湾各级政府在社区灾害应急管理中的主要工作，除了经费、技术、设备等资源上的直接支持外，还注重提供诱因，引导社区防救灾事务推展，并主动推行社区防救灾总体营造计划。

1. 制定与社区灾害应急管理相关的法律、法规、规章、政策与标准作业要点及实施细则，并根据形势的变化与实际操作的要求，不断修正，予以完善。如"灾害防救法"自颁布后已作了4次修正，而"都市计划定期通盘检讨实施办法"自1975年5月29日颁布以来已修正多次，分别是在1980年8月22日、1986年12月31日、1990年9月7日、1991年8月30日、1992年4月29日、1996年5月1日、1997年3月28日、1999年6月29日、2002年11月14日、2009年10月23日、2011年1月6日。

2. 设置各类评比项目，诸如"内政部"成功社区的评比和台闽社区发展工作评鉴、"环保署"模范社区的评比以及彰化县等在县（市）范围内进行的魅力社区奖的评比等等，激励社区积极行动，在充分准备并参加评选和比赛的过程中，更好地推动社区灾害应急管理工作。

3.灾害业务主管机关与地方行政、警察、消防、医疗等多部门联合，共同推动社区灾害应急管理工作。以"农委会水保局"的"泥石流灾害防救业务计划"为例，该计划目的在于：建构起泥石流灾害防救体系，以完备灾前教育训练、灾后重建复原等工作，进而提升泥石流地区的减灾与应变能力。在该计划中的上安、地利、华山、凤义、见晴、大兴等社区，同年也参与了"重建会"的社区防救灾总体营造计划，来强化社区防灾能力。

"农委会水保局"主要是按照灾害应急管理的原则，以减灾、整备、应变、重建4大阶段来编制计划内容。为了强化社区对泥石流灾害应变的能力，"水保局"特别注重潜势区监测、避难训练、教育宣导等工作，并配合泥石流避难疏散演练来完成成果验收。并明令"中央"政府、灾害防救业务机关如消防、经济、交通、环保、教育、"国防"、灾防、公共工程等部门，以及地方政府相关的防灾工作及其应尽的职责，以强化所有协力资源。

在计划中，地方政府、社区以及"水保局"共同参与较多的是"土石流防灾避难疏散作业"工作。先由"水保局"办理"土石流防灾疏散避难规划示范"，尔后再由地方政府依据社区特性以及泥石流的条件，进行疏散路线与避难所的规划，并注重加强社区防救灾教育宣导、防救灾组织编组以及监督地方政府建立泥石流潜势溪流保全对象、紧急联络人清册与紧急通报系统等工作，配合各地学校共同参与避难所开设以及活动宣导等事务，致使各单位局处能在灾害发生的第一时间内，疏散安置潜势区内的居民。参与避难计划的社区，均可获得"水保局"50万元的补助经费，以利于日后训练工作的进行。计划最终目的在于以由下而上的方式，规划出一套适合社区特性的疏散避难计划。

（四）专业团队

专业是指研究某种学业或从事某种事业。专业团队则为各领域的专业人员，经由工作团队的成立对问题进行系统性的解决与协助。在台湾，参与社区灾害应急管理的专业团队包括具备社区营造、防灾工程与应变救灾等专业技术的大学院校、科研院所与社区规划师等工作团队。他们接受政府部门关于"社区防救灾总体营造实施计划"的委托，不畏艰辛，深入偏远的乡村社区，筹组并辅导防灾社区组织、拟定并修正社区防灾计划与避难作业程序、持续推动社区防灾教育、协助争取补助资源，奠定了台湾社区灾害应急管理的机制基础。

专业团队以本身的学术专长影响了社区灾害应急管理的推动目标与操作方

法。以中兴大学水土保持系为例，其主要工作重点在于疏散避难路线及据点的规划，是因为其本身专长在于潜势溪流的勘察与绘制。而警察大学的专长在于公共行政与组织运作，又加上本身对于台湾警政系统较为熟悉，因此由其推动的防灾社区发展，较着重于社区应变组织与警政系统援助。特别值得一提的是团队带头人的社会资源对所推动社区的灾害应急管理效能有重要影响。如警察大学行政管理学系因熟悉岛内警政、消防运作体系，带队学者跟南投县消防局副局长很熟，从而使木屐寮社区的防灾工作获得了地方警消单位的关切与援助，得以持续推动。①

尽管由于各专业团队背景不同，"而在防灾社区营造上的重点也有所差异"②，但对当时非重建区的社区灾害应急管理产生了示范效应，并影响及于当下，为社区灾害应急管理运行机制的构建提供了启发和参考。

表 4-4 "社区防救灾总体营造实施计划"各专业团队的推动案例

社区名称	社区背景	受灾类型	所在地区	委托专业组织	带队学者
上安	偏远乡村	泥石流	南投县水里乡	台湾大学建筑与城乡研究所	陈亮全教授
丰丘	偏远乡村	泥石流	南投县信义乡		
庆福	偏远乡村	泥石流	台中县东势镇	中兴大学水土保持系	陈树群教授
内湖	偏远乡村	泥石流	南投县鹿谷乡		
见晴	偏远乡村	泥石流	花莲县万荣乡	东华大学英语教育学系	李松根教授
木屐寮	偏远乡村	泥石流水灾	南投县竹山镇	警察大学行政管理学系	杨永年教授

① 参见康良宇：《专业团队协助推动防灾社区之研究》，台北：台湾铭传大学媒体空间设计研究所硕士论文，2005年，第72页。

② 萧江碧：《都市老旧社区防灾规划原则及改善方案示范计划之研究——以台中市新兴、乐英及东势社区为例》，台北："内政部建筑研究所"研究报告，2009年，第60页。

（续表）

社区名称	社区背景	受灾类型	所在地区	委托专业组织	带队学者
城中城	都市社区	水灾	台北县汐止市	台北县社区规划师	高松根
大兴	偏远乡村	泥石流	花莲县光复乡	警察大学消防学系	邓子正、沈子胜教授
凤义	偏远乡村	泥石流	花莲县凤林镇		
地利	偏远乡村	泥石流	南投县信义乡	成功大学防灾研究中心	未指定
华山	偏远乡村	泥石流	云林县古坑乡		

资料来源：修改自康良宇：《专业团队协助推动防灾社区之研究》，台北：台湾铭传大学媒体空间设计研究所硕士论文，2005年，第50页；詹桂绮：《社区防救灾推动方式与流程之比较研究——以"社区防救灾总体营造实施计划"案例为对象》，台北：台湾大学建筑与城乡研究所硕士论文，2003年，第11页。

（五）企业

企业在台湾社区灾害应急管理中的作用除了灾时捐款捐物以外，主要还有：

1. 与政府、社区之间订定开口合约。一旦灾害发生，即为受灾社区提供矿泉水、泡面、干粮等民生必需物资以及绳索、电筒、应急灯等救难物资，避免了政府采购的诸多繁琐手续，有助于提高救灾效率。

2. 参与所在社区平时的防灾减灾活动。特别是在那些商住型社区里，企业与社区唇齿相依，同舟共济，倍加重视社区灾害防救工作。如位处锦平社区的中友百货，会派工作人员出席社区的大型治安会议，从一个侧面充分显示了对社区安全的重视程度。而台北市内湖社区，人口已超过27万人，加上科学园区188栋大楼的从业人员、大卖场消费族群等，每日约有近35万人在区内往来活动，社区防救灾压力可想而知。为此，2004年9月11日"台北内湖科技园区管理联合会"举行成立大会，并与内湖安全社区促进会举办座谈会，就共同权益与发展需求达成合作共识。在社区与企业、民间组织、政府部门等各方共同努力下，内湖社区已两度获得国际安全社区认证。

3. 大力扶持并推动社区发展，对社区灾害应急管理作出重大贡献。如南势社区发展协会理事长许叙铭先生一手创立帝宝工业股份有限公司，为台湾车灯制造业龙头企业，资本额达 13 亿元，年营业额超过 60 亿元，员工 1800 余人。许理事长如同经营企业般谨慎、用心地经营社区，成立帝宝文教基金会，长期投入社区关怀与社区营造等公益活动；捐赠消防车、警车予政府，捐款 1500 万元给社区发展协会；由企业举办社区座谈会、联谊会或研讨会，通过社区民众的例行对话讨论，发掘社区的需求点，并借助社区总体营造而使社区活化；企业还向社区开放参观公司生产过程与设备、发行公共关系刊物、提供就业机会、推动社区服务与地方政府建立关系，以社区居民身份赞助地方性活动等，并成立环保志工队、长青俱乐部、春风少年队、守望相助队、河川巡守队等社区经营团队。在社区企业、居民、旅外子弟以及各组织班队的携手推动下，以社区的人文背景、环境景观为基础，打造了一个具有乡野怀旧之情的鹿港文化村，让"文化美、生活美、环境美"在南势社区发光、发亮，已吸引逾万人次至社区参观。[①]

（六）民间灾害防救志愿组织

"政府力量有限，民间资源无穷"[②]。每当灾害发生时，"动员最为迅速、也最感动人心的，常常是民间自发组成的各种救灾与慈善团体。义工们在多数民众还处于惊慌与恐惧时，已经赶在政府之前，进入现场，深入偏远角落，提供灾区所需的各种服务。此一现象，显示台湾社会充沛的民间资源，及迅速的动员能力。"[③]

台湾民间灾害防救志愿组织的强大作用受到政府部门的重视。台湾"灾害防救法"规定了民间灾害防救志愿组织的认证事项，由"内政部"编列预算补助其认证所需的课程、训练经费，政府还应为经过认证的民间灾害防救志愿组织，投保救灾意外险，并协助提供救灾设备。

又依照"灾害防救法"第 29 条第 2 项，于 2001 年 8 月 27 日通过"后备军

---

① 参见李宗勋：《网络社会与安全治理》，台北：元照出版有限公司，2008 年版，第 211 页。

② 詹中原等：《政府危机管理》，台北：空中大学，2006 年版，第 288 页。

③ 林美容等：《灾难与重建——九二一震灾与社会文化重建论文集》导论，台北："中央研究院"台湾史研究所筹备处，2004 年版，第 11 页。

人组织民防团队社区防救团体及民间灾害防救志愿组织编组训练协助救灾事项实施办法"规定：各直辖市与县（市）政府将社区灾害防救团体及民间灾害防救志愿组织进行编组并予以训练，协助以下灾害防救事项：警报传递、应变戒备、灾民疏散、抢救与避难的劝告、灾情搜集、损失查报、受灾民众临时收容、社会救助、弱势族群特殊保护、交通管制、秩序维持、搜救与紧急医疗救护及运送等。目前，台湾的民间救难组织有台湾救难协会、急难救援协会、水上安全救援协会、安全互助救难服务促进会等。各县（市）亦多设有救难协会与急难救助协会等组织，如台北市紧急救援协会、台北市救难协会、台南县飞狼山岳搜救协会、高雄市海上救难协会、台北县急难救援协会、花莲县紧急救援协会等。在各地方政府的编组与训练下，依照各团体的专长与所需，提供救灾装备，补助强化专业救灾知识技能及设备。为有效运用民间救援组织，并激励其救灾热忱，政府还对配合政府参与救难表现优良的救难团体或所属会员，进行奖励，给予公开表扬或至国外受训的机会。

此外，部分民间团体如宗教团体，无论是在灾区的还是灾区以外的，在灾害发生时，提供食物、饮用水等生活必需品的调度与供应、避难收容、紧急医疗救护、紧急运送等，给予灾民生活安置或医疗上的协助，成为灾害救援体系的重要一环。

以9·21震灾救援为例。当时灾区佛教道场特别多，震中附近受灾最严重的埔里灵岩山寺和雾峰万佛寺，正好处在地震断层之上，另有水里慈光寺和竹山明善寺，受损程度很大，但都在地震发生后，立即进行赈灾活动。万佛寺整座寺院几乎全倒，僧众没有时间整理自己的环境，却马上在邻近的省咨议会场搭起帐篷救灾，并在震灾之后的第五天立即举办大规模的罹难者超度法会。灾后的重建工作，也把教育与弘法摆在第一位，继续举办各种共修法会以及佛法研修活动，慈明佛学研究所也继续上课。受灾寺院的僧众忘了自己就是灾民，反而在震灾发生的当时，马上从"受灾者"转变为"第一时间"、"第一现场"、"第一个到达"的"救灾者"①。这种在灾区直接投入救灾的动员方式，对于伤亡的减少，作用非常大。

---

① 游祥洲：《论佛教对于天灾的诠释与九二一心灵重建》，载林美容等主编《灾难与重建——九二一震灾与社会文化重建论文集》，台北："中央研究院"台湾史研究所筹备处，2004年版，第78页。

9·21震灾发生之后，无论在灾区当时的紧急救援以及灾后的重建工作上，台湾的宗教团体皆扮演了一个重要的角色。据"台湾民间灾后重建联盟"出版的《9·21震灾捐款监督报告书》，为9·21震灾发起募捐行动的民间团体共有7大类：传播媒体、营利事业机构、互惠型非营利团体、社会福利机构、宗教团体、政治团体、其他类等。这些团体总数为215个，迄2000年3月为止，募款总额148.51亿元，其中宗教团体共有31个，募款总额超过68亿元，约占募款总额的46%，是捐款最多的团体（全盟，2000）[1]。这一信息透露出：面对台湾社会重大灾难时，民众用捐款来表达关怀时，所选择的对象较偏向于宗教团体。此一价值取舍或许显示出某种慈善意识深植人心以及民众对于宗教团体的信任感。

表4-5 参与9·21震灾救援的典型宗教团体

类别	宗教团体名称
基督教	天主教台湾主教团、台湾世界展望会、台湾基督长老教会
佛教团体	佛教慈济慈善事业基金会、国际佛光会台湾总会、法鼓山
民间寺庙	台北行天宫、北港朝天宫、大甲镇澜宫、彰化南瑶宫、台中佛法山、高雄文化院、草屯雷藏寺、草屯惠德宫、草屯陈府将军庙、南投碧山岩寺

资料来源：林美容、陈淑娟：《九二一震灾后台湾各宗教的救援活动与因应发展》，载林美容等主编《灾难与重建——九二一震灾与社会文化重建论文集》，台北："中央研究院"台湾史研究所筹备处，2004年版，第260～261页。

表中三大不同类型的宗教团体，在紧急救援阶段，以煮食、提供救援物资与临时避难处，及医疗、陪伴、收惊、洒净等安定身心的工作为主；在安置阶段，主要是组合屋的搭建，佛教与基督宗教团体参与较多；重建阶段，则以重建学校、寺庙与教会、儿童照顾工作、灾民生活重建等社区重建工作，及心理

---

① 参见林美容、陈淑娟：《九二一震灾后台湾各宗教的救援活动与因应发展》，载林美容等主编《灾难与重建——九二一震灾与社会文化重建论文集》，台北："中央研究院"台湾史研究所筹备处，2004年版，第258页。

辅导、重建生命观等心灵重建工作为主，其中，基督教以照顾弱势族群为主，佛教以协助灾区重建为主，民间寺庙以慰问及祈福为主。具体来看：

1. 紧急救援阶段

慈济、佛光山、长老教会与天主教，在灾区原就设有分支机构，可以立即成为物质集散点，在动员速度与物资调度方面充分显示出系统高效的特点。其中，最令人称道的是慈济。据报道，9·21地震于凌晨1点47分发生。十几分钟后，证严上人获知灾情惨重，立即指示成立救灾中心。2点10分，台中分会已经接到各地慈济人逐一回报的灾情，同一时间，慈济人在台湾的北、中、南、东四个区分会全动了起来，带着水、食物、衣服、睡袋、帐篷、毛毯等物资前往灾区，发放应急金给家属，并为罹难者助念。其自有的医疗体系也动员起来，同步组成医疗团队，赴灾区进行救护。在救灾工作大致已定后，即分组按分区划分的台中市地图巡视，关怀居民，进行地毯式扫街，曾在无意中得知台中育婴院已经有100多位婴儿无牛奶可喝，紧急运送奶粉来协助，挽救了这些婴儿[①]。其动员速度之快，提供紧急救援之全，都是政府和其他民间团体难以相比的。从慈济救援模式看台湾民间动员系统所具有的团结分工、动员迅速等优势，展现出超高的救援效率。

其他宗教团体，如世界展望会虽是在震灾发生后在北、中、南临时成立紧急救助站，但由于过去有国际救灾经验，也充分调度了人力与物资进行救援。而有医疗体系的如佛光山、天主教等，都动员医疗资源至灾区服务。民间庙宇如行天宫与朝天宫也都有附属的医疗体系，亦到灾区。朝天宫在震灾第三天就出动医疗巡回车，并持续进行了3个月。

2. 灾后安置阶段

紧急救助工作过后，慈济拟订一套有系统的救援计划，包括安顿与关怀、复建与重建两大方向。安顿与关怀分成安身计划（兴建慈济大爱屋、低收入建屋补助）、安心计划（逐户关怀、祈福晚会、心灵辅导、寄读学生心灵重建）、与安生计划（灾民家庭生活补助）。复建与重建则有希望工程（协助50所中小学重建或整建）、健康工程（协助灾区医疗体系重建）、社区文化及公共工程重

---

① 参见朱爱群：《危机管理：解读灾难迷咒》，台北：五南图书出版股份有限公司，2002年版，第366页。

建（慈济文化志业编辑部，1999）①。

在灾后安置阶段，慈济、佛光山、世界展望会均以集中式安置方式为灾民盖建组合屋。慈济为受灾地区所兴建的办公室、住家、教室等1881户大爱屋中，其中受灾户居住的"大爱村"组合屋社区共有18处，一共是1741户；而慈济兴建这些临时住屋所动用的18万人次人力，全数是慈济志工，用料不浪费，用心不糊弄，一个月后即让灾民住进了牢固安全、设施齐全、生活方便的房屋，备受好评。佛光山在中寮永平、清水、和平三地，一共兴建了4个"佛光村"社区，共计179户。世界展望会也以安置原住民族地区的灾民为主，在苗栗县泰安乡、台中县东势镇、和平乡、雾峰乡、南投县埔里镇、国姓乡、仁爱乡、信义乡，兴建717户组合屋。长老教会与真佛宗雷藏寺则以分散式安置方式为灾民盖建组合屋，针对受灾户原先居住的地理位置，原地或就近觅地搭建，使其生活与就业不至于因搬迁而必须变动或受到太大影响。长老教会则以帮助原住民族受灾户为主，在灾区一共兴建了200户分散式的组合屋②。

3. 灾后重建阶段

9·21震灾的救援是长期的、整体的，救灾面牵涉甚广，需要公私部门齐心协力。宗教团体主要在教育、生活、心灵安顿等方面作为较大。

为结合民间力量与资源，台湾教育部门开放需要重建的学校给民间认养。在民间所认养的140所中小学中，慈济的希望工程援建的灾区中小学，随着时间而陆续增加，达50所之多，其经费来源分为三类：（1）慈济自筹经费，共有33所；（2）民间捐款，"教育部"委托慈济援建，11所；（3）"教育部"编列经费，学校希望慈济援建，6所。

长期从事儿童关怀照顾的台湾世界展望会，则于1999年11月成立了一个为期3年的9·21原乡重建专案，以帮助灾区一般的家庭重建。其中有一个儿童资助计划，经费来源主要是以资助人每月捐款2000元的方式，资助1位儿童，

① 参见释见晔：《以香光尼僧团伽耶山基金会为例看九二一震灾佛教之救援》，载林美容等主编《灾难与重建——九二一震灾与社会文化重建论文集》，台北："中央研究院"台湾史研究所筹备处，2004年版，第293页。

② 参见林美容、陈淑娟：《九二一震灾后台湾各宗教的救援活动与因应发展》，载林美容等主编《灾难与重建——九二一震灾与社会文化重建论文集》，台北："中央研究院"台湾史研究所筹备处，2004年版，第266页。

由展望会的社工人员针对受灾家庭的儿童，在生活、学业、营养医疗卫生、住居重建及心灵创伤等各方面，提供协助与辅导。截至 2001 年 7 月，约有 7000 位儿童接受此专案辅助。

天主教与长老教会都与南投县政府合作，以认养社区"家庭支援中心"的方式，协助当地居民生活重建。长老会自行规划的社区重建关怀站体系的主要内容，与南头县政府所规划的家庭支援中心体系的工作内容几乎一致，故在其 17 个关怀站中，南投、集集、鱼池、国姓、竹山、仁爱等 6 个地区的关怀站是以政府委托的方式，交由长老会运作，成为该乡镇的社区家庭支援中心。

天主教圣母圣心修女会则认养了草屯社区第一个家庭支援中心。其社会服务一向以老人照顾为主，在认养草屯后，也把老人的居家照顾服务纳为工作重点，由接受社工人员训练的义工（家务员）去做社区的家政服务。也通过各种社区活动、成长团体等，来协助地震之后的失依儿童、原住民或需要协助的身心障碍者。并协助当地社区组织发展，期望能通过地方草根性组织的长期运作，让当地社区能够自立进行重建。

这种把"志工"与"社区"两个概念明确地结合在一起，是慈济功德会从 1998 年即开始大力倡导的"社区志工"理念[①]。这个理念的落实，在 9·21 震灾时发挥了非常大的效果。台湾的宗教团体与社区之间保持着良好的互动，不但在平时成为社区的精神活动中心，更在灾害发生时，成为救灾的互助中心。"社区志工"的动员方式，在社区灾害应急管理中的效果也是最直接的。

综上可见，台湾社区灾害应急管理的组织网络是较为发达的，置身其间的多元行动主体各有分工，相互配合，共同促成了公私部门协同推进的社区灾害应急管理机制。

---

① 参见游祥洲：《论佛教对于天灾的诠释与九二一心灵重建》，载林美容等主编《灾难与重建——九二一震灾与社会文化重建论文集》，台北："中央研究院"台湾史研究所筹备处，2004 年版，第 78 页。

表 4-6　台湾防灾社区推动参与单位一览表

实施社区 \ 参与单位	"中央"政府单位	地方政府单位	社区团体	其他团体
上安社区	"农委会水保局"、"经济部河川局"、"9·21重建会"、"灾防会"	水里乡公所、南投县消防局、水里消防分队、水里卫生所、水里警察分驻所	社区发展协会、新郡安睦邻救援队、义勇消防队、义勇警察队	台湾医药学院老师、逢甲大学研究生、台湾大学建筑与城乡研究所学者
庆福社区	"农委会水保局"第二工程所、"水保局土石流应变中心"	台中县政府、东势镇公所、卫生所、消防分队、茅埔派出所	里长办公室、邻长、庙宇管委会	东势农民医院、中兴大学水土保持学系学者
内湖社区	"农委会水保局"第三工程所、"水保局土石流应变中心"	鹿谷乡公所、溪头派出所、消防队、卫生所、南投县灾害应变中心	村长办公室、社区发展协会、守望相助队	乡民代表、秀传医院、慈山医院、内湖"国小"
见晴社区	"灾防会"、"农委会水保局"	万荣乡公所、花莲县消防局	里长办公室、社区自治会、义消队	东华大学青年社会发展社与英语教育学系学者、红十字会、世界展望会
木屐寮社区	"9·21重建会"、"经济部水利署"第四河川局	南投县政府社会局、竹山镇公所、竹山派出所、竹山消防分队	里长办公室、社区发展协会、凤凰志工、义消人员	警察大学行政管理学系学者
城中城社区	"灾防会"、"经济部水利署"第十河川局	汐止市公所、汐止市消防队	城中城筑梦联盟、桥东社区发展协会	汐止市社区大学、台北县社区规划师
凤义社区	"内政部消防署"、"农委会水保局"、花莲林管处、水利处第九河川局	凤林镇公所、凤林消防队、凤林镇卫生所	里长办公室、自卫队	警察大学消防学系学者

（续表）

参与单位 实施社区	"中央"政府单位	地方政府单位	社区团体	其他团体
大兴社区	"内政部消防署"、"农委会"、花莲林管处、水利处第九河川局	大兴乡公所、光复乡消防小队、光复乡卫生所	村长办公室、自卫队	警察大学消防学系学者、荣民医院
华山社区	"9·21重建会"、"农委会水保局"	云林县政府、古坑乡公所、云林县消防局、古坑乡消防分队、公路局	社区发展协会、社区产业联盟	成功大学防灾研究中心学者
地利社区	"9·21重建会"、"农委会水保局"	南投县政府、信义乡公所、信义消防分队、潭南派出所	义警、睦邻救援队	成功大学防灾研究中心学者

资料来源：康良宇：《专业团队协助推动防灾社区之研究》，台北：台湾铭传大学媒体空间设计研究所硕士论文，2005年，第51页；詹桂绮：《社区防救灾推动方式与流程之比较研究——以"社区防救灾总体营造实施计划"案例为对象》，台北：台湾大学建筑与城乡研究所硕士论文，2003年，第11页。

第五章 台湾社区灾害
应急管理的运行机制

科学有效的社区灾害应急管理，除了具有应对灾害的一般管理机制外，社区本身所具备的条件，以及与外界资源的联结关系，亦是社区灾害应急管理机制有效运行的重要因素。这是社区灾害应急管理不同于普遍意义上的灾害管理之处。台湾社区灾害应急管理运行机制的特色则在于：以灾害议题切入，通过社区的互动、民众参与、学习教育等，凝聚社区共识，促进社区总体营造；又以社区总体营造的方式，形成较为健全的社区灾害应急管理机制，并使之有效运作。无论是在纵向流程上还是横向运行上，各相关行动主体在认知和分享社区灾害应急管理目的及理念基础上持续互动，以资源链接和功能依赖的各种形式形成集体行动的网络。

一、关于社区灾害应急管理的阶段划分

社区灾害应急管理的宗旨在于：利用平时居民对于灾害防救工作的整备训练与自主推动机制的建立，来提升社区抵抗、承受灾害冲击的能力，以避免灾害的发生，以及如果不能避免，则要尽可能降低灾害对社区建筑、设施及居民生命、财物等各方面的损伤，并能在灾后迅速复原，保证居民正常生活及社会秩序。因此，一个良好运行的社区灾害应急管理机制，在纵向流程上要预防灾害发生，并针对灾情发展的不同阶段，而采取不同的方法与措施。在此方面，台湾岛内较有代表性的论说主要有：

（一）灾害应急管理四阶段说

丘昌泰（2000）在《灾难管理学：地震篇》中指出：不论是自然灾害还是人为科技灾害，"虽然在发生原因与形成背景上有所不同，但基本因应阶段与回

应程序应该是相同的，都包括四个阶段：灾难的预防、准备、因应与回复。"①

关于灾难预防阶段（pre-disaster prevention），主要是指紧急灾难发生之前，灾难管理者从长期与宏观角度对于灾难所采取的事前防范策略。以地震灾难的预防阶段而论，预防阶段工作的重点在于：（1）地震发生原因分析；（2）地震灾害风险分析；（3）地震预警系统建立；（4）灾难预防政策规划。

关于灾难准备阶段（pre-disaster preparedness），是指灾难管理者基于灾难的急迫性所建立的因应紧急灾难的任务小组、作业计划与行动措施。以震灾管理的准备阶段而言，最重要的任务是紧急救援系统的准备与动员，以随时应对地震的来袭，包括：（1）灾难准备计划；（2）耐震建筑法令；（3）土地利用计划；（4）地震灾害保险；（5）震灾谣言分析。

关于灾难因应阶段（disaster response），是指紧急灾难发生时，灾难管理者迅速回应灾难的作业程序与方法。以震灾管理回应阶段而言，由于地震的发生往往是突发性的，无法加以预期，故仅能采取临时应急防护措施，将地震的危害降至最低，包括：（1）灾难应变作业计划；（2）紧急灾难指挥中心；（3）灾难医疗救护系统；（4）集体照顾与安置；（5）灾时犯罪行为控制；（6）社区自助与社区公关；（7）紧急灾难危机沟通。

关于灾难回复阶段（post-disaster recovery），是指灾难发生之后，如何进行重建与修复工作，使灾区尽速回复到平常的状态，重要的活动是为罹难者提供适切的支持系统与策略，以免遭受二度伤害。以震灾管理重建阶段而言，包括的工作重点为：（1）灾难搜索与救援的进行；（2）灾后重建工作的推动；（3）民间捐献的妥善管理；（4）心理健康与危机咨商；（5）地震灾害损失评估；（6）灾难补助经费的核发。

（二）灾害应急管理五阶段说

詹中原（2005）在《政府危机管理》一书中，指出：灾害防救也是危机管理工作的一环，危机管理包含了危机预防、危机处理与危机解决等三种活动，对灾害防救体系而言，危机管理可分为五个阶段②。各阶段的危机管理处置有不同的角色、任务与处置方式：

---

① 参见丘昌泰：《灾难管理学：地震篇》，台北：元照出版公司，2000年版，第24页。
② 詹中原等：《政府危机管理》，台北：空中大学，2006年版，第289～290页。

1. 紧急生命救援阶段：原则为"救活命，不救尸体"，并分为三个时段：事件发生的 0 ～ 24 小时为"救援黄金阶段"；24 ～ 72 小时为"第二救援黄金阶段"；72 ～ 100 小时为"最后机会阶段"。此阶段应动员救灾人员，而非社工与义工人员。

2. 赈灾阶段：灾后 4 小时至第 3 天，主要将民生物资送到灾区，因灾民开始产生民生问题，所以应呼吁民间团体协助民生物资的累积、收集，但要做好资源管理、物资运送。

3. 安置阶段：灾后第 3 天开始，灾区民众的临时安置、社会福利的需求，需要社工人员的大量介入，参与民众的需求调查（例如：死亡、安置转介、房屋调查），了解灾区民众的需求。对于孤儿、老人的安置转介、受灾家庭的创伤处置等。而各机构的出动与工作团队需要协调，避免重复而造成资源浪费。

4. 创伤处置阶段：第 3 天开始创伤处置阶段，需要对灾民做陪伴、安慰的工作，到第 7 天需进行创伤处置的长期复建工作。社工人员应以个案、团体工作方法，以大量协助居民，给予情绪抒发及创伤宣泄的工作。

5. 社区重建阶段：满 1 个月后，政府及一些民间单位则要进行短期组合屋重建工作，以及规划未来 2 年短期及 5 年长期的重建工作。长期社区重建是牵涉科际整合的团队工作，需要建筑、工业、园景、环保、都市计划、公共行政及社会工作一起作科际整合，需要大量专业人士与志工的投入。

（三）关于社区灾害应急管理的五阶段划分

提高整个社会的灾害风险管理能力，不能只是单纯地依靠政府，社区组织必须取代政府的部分功能，才能维系起本身的灾害防救能力。马士元（2002）借鉴 FEMA 的综合灾变管理概念与整合灾变管理系统所界定的 6 阶段论：依相关顺序为减灾纾缓（mitigation）、风险抑制（risk reduction）、灾害预防（prevention）、灾前准备（preparedness）、紧急应变（response）、复原重建（recovery），提出综合性社区灾害防救应包括 5 个阶段[①]：

（1）减灾纾缓：主要从社会经济面提供减灾政策的资讯；

（2）灾害预防：属非强制管制导向，社区可以建立小型、局部性的早期预

---

① 参见马士元：《整合性灾害防救体系架构之探讨》，台北：台湾大学建筑与城乡研究所博士论文，2002 年，第 154 页。

警机制；

（3）灾前准备：应接受综合性灾害防救训练。社区应变应建立标准作业程序。独立型社区应建立设备设施的备援系统；

（4）紧急应变：接受其他相关应变单位的水平协调。应变的区位设施与救援对象特定；

（5）复原重建：抗灾社区环境的建构。受灾居民生活的修补。

萧江碧（2009）则提出社区"灾变管理时序"[①]，包括4个阶段：

（1）减灾，是指减少灾害影响的活动。减灾活动实际上是运用在除去或减少灾祸发生的可能性，或者减小不可避免的灾变影响。减灾的措施包括建筑和地区法规、灾损分析更新、税金补贴和减免、使用分区管制和土地使用管理、建设使用标准和安全的法令、资源的分配和地区的分享、预防性健康照护和大众的灾害教育。减灾活动中的重要信息对策和服务包括地理咨询系统基础的危险评估、权利的演变、场所与资源的认定、土地使用与分区使用管制、建筑物的法令信息，运用模拟或预报工具作为灾害潜势和风险分析。

（2）备灾，是指灾前的准备活动。在此阶段需发展政府、组织和救援的个别备灾计划，使灾变的损害减到最小和提升灾变反应运作。备灾措施包含了备灾计划、紧急事件练习或演习、警报系统、紧急通信系统、疏散计划和演练、物资存量、紧急救援人员与联系方法、互动支援协定和公众的信息及教育。

（3）应变，是指灾变发生时的应变活动。随着灾祸发生必须为受伤人员提供紧急援助，减少可能的二次伤害和快速的恢复运作。应变的措施包括公众警报、公开通报的职权、动员紧急救援人员与设备、紧急医疗援助、配置紧急应变中心、告知灾祸和疏散、动员防护军队、搜救和救援、暂止紧急事件的法令。

（4）复原，是指灾变后的复原与重建活动。复原活动必须延续到所有的系统恢复正常或获得改善。复原措施的期限有长期和短期之分，包括维生系统复原至最小的运转门槛、产物险、贷款和补助金、临时屋、长期的医疗照护、灾变失业金、公开的信息、健康和安全的教育、重建、审议程序和经济影响的研究。复原的信息对策和服务应包括建立相关资料数据的收集建档、申请程序和

---

① 萧江碧：《都市老旧社区防灾规划原则及改善方案示范计划之研究——以台中市新兴、乐英及东势社区为例》，台北："内政部建筑研究所"研究报告，2009年，第61～62页。

文件的课程学习。

（四）"灾害防救法"中关于灾害应急管理的三阶段划分

台湾"灾害防救法"把减灾与整备都纳入"灾害预防"的权责事项之下，将灾害管理运行机制的纵向流程分为3个阶段，分别是：

1. 灾害预防

（1）减灾。包括灾害防救计划的制定、经费编列、执行与检讨；灾害防救技术研究成果的应用；以科学方法进行灾害潜势、危险度及境况模拟的调查分析，并适时公布其结果；灾害防救教育、训练及观念宣导等13项工作。

（2）整备。包括灾害防救组织的整备；灾害监测、预报、警报发布及其设施强化；灾情搜集、通报及指挥所需通信设施的建置、维护及强化等9项工作。

2. 灾害应变措施。包括警报的发布、传递、应变戒备、灾民疏散、抢救与避难的劝告及灾情搜集与损失查报等；警戒区划设、交通管制、秩序维持及犯罪防治；搜救、紧急医疗救护及运送等16项工作。

3. 灾后复原重建。包括鼓励民间团体及企业协助办理、组建灾后重建委员会等要求。

二、台湾社区灾害应急管理运行机制纵向流程上的实务操作

本书研究借鉴以上阶段论说，结合台湾社区灾害应急管理的实践经验，在纵向流程上将其运行机制析分为平时预防机制、灾前准备机制、灾时应变机制、灾后安置机制与灾后重建机制。

（一）台湾社区灾害应急管理平时预防机制的构建

台湾各界在"八八"水灾后，深切体会到救灾根本就无所谓"黄金时间"，小林村灭村前后只是几分钟或几秒钟之间的事，对于生命的代价，只能事前预防而无法事后补救。社区灾害应急管理平时预防机制的运作目的就在于提升社区组织与居民的灾害意识和防救灾能力。为此，台湾社区防灾主要采用了参与式"工作坊"的形式，"藉由专案的方式透过相关的专业团体组织居民，训练社区志工从事防灾相关活动"①，并注重都市社区防灾规划，以构建起社区灾害应

---

① 萧江碧：《都市老旧社区防灾规划原则及改善方案示范计划之研究——以台中市新兴、乐英及东势社区为例》，台北："内政部建筑研究所"研究报告，2009年，第130页。

急管理的平时预防机制。

1. 工作坊（Workshop）的主要精神

"愿景工作坊是由丹麦发展出来的一种具有审议式民主精神的公民参与模式"，目前已成为台湾审议式民主的实践形式之一[①]。20世纪60年代，美国Lawence Harplin 将工作坊引用到社区计划的领域中，强调"参与、沟通、动手做、学习"的主要精神[②]，意指工作的4个阶段：（1）首先鼓励积极地参与以产生双向的沟通，（2）经由沟通才能了解彼此想法的差异，（3）并通过动手做的方式，直接参与整个计划的过程，（4）而最后的目的则在于学习，彼此的互动学习可以让公共事务成为社区的讨论议题，使公共事务的参与确立起正面的形象，以找出社区居民参与公共事务的自发性。

将工作坊机制运用于社区灾害应急管理，强调的是社区自主与居民参与、社区意识的凝聚和由下而上的推动方式。

2. 台湾社区灾害应急管理的"工作坊"机制实践

早在1999年至2000年，台湾大学建筑与城乡研究所（以下简称"台大"）即接受灾害科技办公室委托，针对岛内具有潜在灾害的山坡地社区，以"工作坊"方式进行灾害防救课程学习与实践活动，以提高居民的灾害意识，进而培养以社区为单位的防救灾能力。台大当时选择了台北市兴家与明兴社区作为推动对象。这两个社区过去都曾发生过坡地土石崩塌以及挡土墙龟裂的情况，而兴家社区因此成为台北市山坡地社区列管对象之一，为B级山坡地危险社区。虽然在社区的灾害历史中，并未造成当地居民伤亡，但专业组织在考量社区潜在威胁、社区营造背景、动员经验以及操作意愿等条件后，仍尝试在社区中进行防救灾教育宣导工作，在为期两个月的时间内，以6大工作阶段进行社区防救灾的推广。如下图所示：

---

① 沈惠平：《台湾地区审议式民主实践研究》，北京：九州出版社，2012年版，第186页。

② 詹桂绮：《社区防救灾推动方式与流程之比较研究——以"社区防救灾总体营造实施计划"案例为对象》，台北：台湾大学建筑与城乡研究所硕士论文，2003年，第26页。

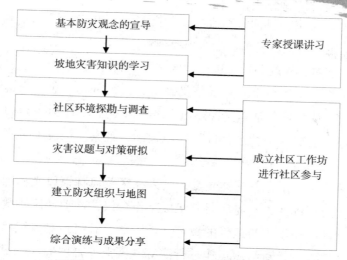

图 5-1　明兴与兴家社区灾害预防推动流程图

资料来源：康良宇：《专业团队协助推动防灾社区之研究》，台北：台湾铭传大学媒体空间设计研究所硕士论文，2005 年，第 28 页。

在推动方式上，专业组织结合当地社区已有组织团体，以工作坊的方式，划分为专家授课及社区参与两大部分进行防救灾训练推展，前者工作重点在于传达给居民基本防救灾知识，以及坡地、地震灾害防救等议题。而后者侧重在借助民众的参与过程，来完成社区灾害潜势调查、防灾地图制作、防救灾组织编组、灾害对策研拟等工作。取得的主要成果有：（1）建立居民对于居住环境的熟悉度，（2）提高居民对潜在灾害的认知，（3）培养居民防救灾的能力与技能，（4）本地社区防救灾教材的整理。这些推动成果"成为日后其他社区推动防救灾训练的借镜"[①]。

到"社区防救灾总体营造计划"实施之时，各专业团队接受行政管理部门委托，为所推动的社区构建起了较为健全的灾害管理预防机制。具体过程包括：

（1）深入社区了解居民需求，进行社区动员

一般是经由村（里）长办公室、社区发展协会、睦邻救援队等现有组织招募其成员或热心居民作为培训的对象，并组成今后防灾社区推动的干部组织，

① 康良宇：《专业团队协助推动防灾社区之研究》，台北：台湾铭传大学媒体空间设计研究所硕士论文，2005 年，第 28 页。

向居民说明推动构想，包括活动流程、所需时间、方式，建立基本意识、提升参与意愿并确定参与人员名单。

（2）引导学习，探勘环境，进行社区防救灾教育

台大在南投县水里乡上安村及信义乡丰丘村，首先为居民安排专题演讲并导读书面教材，使之具备基本灾害知识，之后由专业人士陪同社区居民用"脚"体验，走一遍自己居住的社区，进行环境踏勘，观察、检视平时容易忽略的环境问题。

警察大学消防学系在花莲县光复乡大兴社区及凤林镇凤义社区则更注重社区整体防救灾意识的建立，先后召开4次工作会议，推动社区防救灾组织建立后，即进行社区组织组成与运作的教育，辅以活动教材，对组织信息不足或运作予以修正及建议。针对组织运作进行演练，模拟灾害现场，设定各项可能的状况，由社区防救灾组织成员进行工作分配及通报，并让居民了解社区防救灾组织，使更多家户得知社区防救灾组织运作的情形，发送避难地图以及各编组、收容场所及联络电话。在社区居民防救灾意识与能力的提升方式上采用居民防救灾教育以及社区防救灾组织家户防灾宣导方式。对居民防救灾教育分两阶段授课，先是以授课及图片方式，说明居住地区可能发生灾害区域，并说明社区常见的灾害因素；之后是由专家带领居民，实地踏勘社区环境，对社区内几个可能发生危害的地点实地介绍与说明，并让居民加深认识自身居住的环境。在社区防救灾组织家户防灾宣导上，主要是利用社区居民作家户宣导防救灾观念，并通过邻里间口耳相传方式，传递防救灾观念，在大兴社区进行了4户的家户宣导，在凤义社区进行了5户的家户宣导①。

（3）汇整居民灾害经验，分析社区致灾因子与脆弱性

中兴大学水土保持学系推动南投县鹿谷乡内湖村及台中县东势镇庆福里，在整个社区课程开始之前，就利用专业特长调查了该社区的地形地质资料、泥石流潜势溪流以及人口分布的现况，以了解社区本身易致灾的原因。此后采取双向沟通座谈会的方式，吸纳村长、理事长、村民等参加，通过防治宣传，引导民众对泥石流防灾与应变措施的认识，加强其危机意识，降低泥石流灾害程

① 参见詹桂绮:《社区防救灾推动方式与流程之比较研究——以"社区防救灾总体营造实施计划"案例为对象》，台北：台湾大学建筑与城乡研究所硕士论文，2003年，第64页。

136

度；相互交换泥石流防治工作心得，沟通山坡地相关法律知识，以提升山坡地管理的效益；制作泥石流灾害应变手册，通过简明图示说明，提升居民泥石流灾害防治与山坡地管理的知识。

台大则注重搜集居民的灾害经验，如过去灾害发生的地点、受灾的经验次数与强度、受灾时的应变状况及成效、社区招致灾害的原因等，让每个人都有发言机会，以引发参与动机与意愿，了解居民对环境与灾害的认知程度，以及已发生灾害的特性。在专家协助下，居民进行环境的实地踏勘，将所拍的照片与发现的问题全部汇整到社区的大地图上，制作踏勘地图，并分析汇整出社区环境中导致灾害的课题，再由专家解说各种灾害产生的原因及其影响，同时将课题加以分类讨论，汇整出社区目前所面临的各类灾害议题。

（4）继续鼓励社区居民参与，讨论防救灾对策，组建社区防救灾组织

上安村的社区防救灾组织就是在台大的推动下建立起来的。其方式是：由社区居民和专业团队一起就各类灾害的解决对策进行整理，区分各对策可被执行的层次，采用个人、社区与政府的分类方式，让居民了解社区防救灾问题，除了有公部门的责任之外，个人与社区也有责任与任务。居民在专家指导下规划救灾逃生路线与地点，制作安全地图，拟定训练课程及操作方式，并基于计划与实务需求，规划、初拟社区防救灾组织与权责的划分。由于其中的社区对策都与社区防救灾组织的任务有关联，所以将社区对策依其性质加以分类，根据分类结果为社区防救灾组织各分组进行命名。最后将新成立的组织与社区原有的组织名单加以比较，由各小组针对专业团队整理过的防救灾议题与对策作进一步的详细讨论，加以整合，从而产生全村的社区防救灾组织整体架构与任务分工。

（5）以社区居民为主体，进行技能训练和综合演习，真正落实社区灾害预防机制

社区灾害应急管理预防机制的真正形成，是要把上述各工作环节所得的书面与组织上的成果，如社区地图、疏散路线及避难场所、防灾用品的信息以及紧急联络电话（包括灾害防治单位、警消医疗单位、避难处以及村长的联络电话等项目）、泥石流防灾应变手册、社区防救灾组织及分工等，通过实物训练与综合演习，落实到行动上，使之能得以执行与普及。警察大学行政管理系即提出一套整备防救灾器具设施，送9·21重建会审核后，提供给木屐寮社区民众使用，以利于社区居民紧急防救灾时使用。这些防救灾器具均是社区迫切需要的

器材，如救生圈、照明灯、紧急救护箱等。

针对这些必要的设施或设备以及避难据点、通信设备、预警系统等进行设置与维护的工作，即属于社区灾害应急管理预防机制中的技能训练环节。同时对于必须熟练操作的项目，例如灾情通报、避难救灾或是洪汛期前的准备工作，通过与其他单位如地方消防队、水保局等的合作，进行实际的演练，模拟灾害情境，做全村型的综合演习。如参与活动的上安社区居民主动要求修改演练项目，使其更符合灾害真实情境：①在参演单位中纳入上安社区的社区防救灾组织；②改变参演地点，除了灾变中心成立的阶段于郡坑村演习之外，疏散避难的办法则回到上安村实地演习；③改变假设状况处理顺序，外来的救援单位并非于灾时立即进入社区进行抢救，因为灾害发生时因道路中断，社区根本无法立即得到外援。并依先前对于避难疏散的讨论，让老弱妇孺于灾前进行疏散避难。

（6）最后基于演练执行的结果，确立社区防救灾组织及其分工运作模式，并建立家户联系网络与通报系统

以"工作坊"的形式推动社区灾害应急管理预防机制的构建，改变了以往仅用讲习或演习方式进行社区防救灾教育，绝大多数居民只能单方面接受知识与技术，很少有机会表达自己意愿与看法的传统方式，既能在短时间内凝聚共识，又重视让每个参与者都有充分表达意见的机会，通过整合与协调，寻求解决问题的对策，并予以执行，从而实现了由下而上的参与与学习。这种共识建立的过程，也就是社区意识的凝聚过程，符合社区灾害应急管理的需要。

表 5-1 台湾典型社区灾害预防机制构建一览表

推动内容 典型社区	防灾知识教育	防灾地图绘制	防灾计划规划	避难疏散演练
上安社区与丰丘社区，台湾大学建筑与城乡研究所推动	汇整居民灾害经验，专家推动灾害知识教育工作	社区环境潜势区域探勘绘制	社区参与防灾对策讨论、规划社区防救灾组织分工与架构	社区参与"水保局"泥石流避难演练
城中城社区，台北县社区规划师	推动社区防灾工作，提升防灾意识	社区避难地图路线绘制	社区规划防灾中心与防灾计划	社区参与"消防局"台风、洪水避难演练

（续表）

推动内容＼典型社区	防灾知识教育	防灾地图绘制	防灾计划规划	避难疏散演练
见晴社区，东华大学英语教育学系推动	推动防救灾教育内容与知识管理	社区环境灾害调查与避难规划	社区防救灾组织制度建立、分工与运作	社区参与"水保局"泥石流避难演练
庆福社区和内湖社区，中兴大学水土保持系推动	举办双向沟通座谈会与防灾知识教育推动工作	社区环境潜势区调查与避难规划	建立社区防救灾体系与分工、规划居民紧急通报救援系统	社区参与"水保局"泥石流避难演练
地利社区和华山社区，成功大学防灾研究中心推动	推广防灾知识教育强化环境灾害的认知与意识	社区灾害环境潜势区域划定与避难路线规划	建构社区防灾体系、规划社区避难所、准备防救灾资财	社区参与"水保局"泥石流避难演练
凤义社区和大兴社区，警察大学消防学系推动	防灾教育知识推广，提升居民灾害意识与能力	社区整体防救灾共识与资料的建立	社区防救灾组织规划与分工、建构社区与政府的联系渠道	社区参与"水保局"泥石流避难演练
木屐寮社区，警察大学行政管理学系推动	推动防救灾教育讲习	社区易致灾环境调查与避难规划	辅导准备防救灾机具、建立社区与地方政府的网络关系	社区参与"河川局"泥石流避难演练

　　资料来源：修改自康良宇：《专业团队协助推动防灾社区之研究》，台北：台湾铭传大学媒体空间设计研究所硕士论文，2005年，第84页。

3. 都市社区防灾规划

　　台湾地区地狭人稠，都市化程度较深，且都市人口密集，加之土地使用严重不当，致使都市防救灾工作倍加困难。因此，相较于偏远的乡村社区，都市社区的防灾规划更受重视。一般多以学区与邻里单元等基本空间单元为基础，根据都市计划中的邻里单元规划理论和都市防灾计划，借助 GIS 系统功能，划设防灾避难生活圈，包括防灾避难据点、防救灾路线、火灾延烧阻隔带及维生系统等。

（1）防灾避难生活圈

防灾避难生活圈的划设是在灾害发生前做好预防措施，以减少灾害来临造成的人员及财物损害。

①划设原则：根据地区本身的地理区位与空间设施条件，包括都市邻里人口分布、学区、邻里组织、道路系统、建筑区分布、土地使用分区等相关资料，制定适合的避难行动策略，考量人员能达到迅速避难，且可确保外援尚未进入前即可进入所划设的范围。

②作用：除作为避难救灾的行政管理依据与都市防灾相关设施检讨的基本依据之外，还是灾害应急管理系统中警察、医疗、物资等相互支援的基本单元，同时也是防灾避难据点等空间系统的基本单元。

③涵盖范围：根据《都市计划防灾规划手册汇编》，防灾生活圈涵盖范围大致应以容纳避难人员3万到4万5千人之间，或是3000米以内，或是能控制所有避难人员能在5至10分钟到达区内划定为避难场所的范围为依据。台湾社区长期以来对于防灾生活圈的划设与认知以"小学学区"与"邻里单元"为基础，再加上"都市计划"规定其公共设施的服务范围，所以，目前仍以学校为大型避难场所。若进一步以提供避难人数计算，则可容纳将近两个里的居民约6000人至8000人，且学校在设施的完整性以及从人员的避难心理层面上均可成为最佳的避难场所。

④依据各层级所需的防灾机能，配合邻里单元规划，分成邻里防灾生活圈、地区防灾生活圈、全市防灾生活圈及全台防灾生活圈，并规划救灾及避难路线。

A. 邻里防灾生活圈，步行600米距离内，是小学的最大服务范围，约1个邻里单元，必须提供区内避难居民在灾害发生时进行逃生所需的空间，即邻里公园、小学等，并设置基本的医疗救护站（诊所或卫生所支援），以应对临时所需的急救、医疗活动，分驻（派出）所人员则担任指挥。

B. 地区防灾生活圈，步行1500米～1800米距离内，相当于一个中学的服务范围，约3个邻里单元，必须提供足够的空间以供搭设临时避难设施（如帐篷），且需提供临时避难所需的水、粮食、生活必需品等的储存（约3日～7日），并设置消防分队及消防相关设施（含紧急用车辆、器材），设置警察分局以维持灾害发生时的秩序，成立规模较大的医疗救护中心（地区医院），提供紧急医疗器材、药品等。

C. 全市防灾生活圈，以县（市）为划分单位，圈内必须提供避难居民中长期居住的空间，如全市性公园、中学、体育场所等，并可经由政府与批发仓储业协议，由民间供应所需的粮食及生活必需品等；成立完整的医疗网（区域医院），提供中长期伤患所需的资源。消防局、警察局负责救灾、指挥工作，在情报搜集上，县（市）政府需建立区域内受灾、避难状况、物资及人才等救援资料库。

D. 全台防灾生活圈，以整个台湾地区为单位，尤其作用于大规模灾害时，主要作为指挥中心，发布信息，作为区与区的物、力连结，调派救援、物资，需有预测中心、研究单位、资料库建立、通信网、航空站、港口、车站等。

表 5-2　台湾都市社区防灾避难生活圈的划设标准

分类	空间名称	划设指标	防灾必要设施及设备
全市防灾避难圈	学校 全市型公园 医疗中心 消防队 警察局 仓库批发业 车站	以全市为单位	提供避难居民中长期居住的空间 提供避难居民所需粮食等生活必需品储存 紧急医疗器材、药品 区域间资料搜集、建立防火资料库及情报联络设备
地区防灾避难圈	中学 社区性公园 地区医院 消防分队 警察分局	步行距离1500米～1800米，约3个邻里单元	区域内居民间情报联络及对外联络的设备 消防器材、紧急用车辆与器材 紧急医疗器材、药品 进行救灾所需大型广场、空地 提供临时避难者所需的生活必需品的储存
邻里防灾避难圈	小学 里邻单元 诊所或卫生所 派出所	步行距离500米～700米，约1个邻里单元	居民进行灾害应对活动所需的空间及器材 区域内居民间情报联络及对外联络的设备

资料来源：台湾《都市计划防灾规划作业手册》（2000），转引自萧江碧：《都市老旧社区防灾规划原则及改善方案示范计划之研究——以台中市新兴、乐英及东势社区为例》，台北："内政部建筑研究所"研究报告，2009年，第30页。

（2）防灾避难据点

依照防灾所需的各种机能，对防灾避难据点进行划设，分为避难、医疗、物资、消防及警察等 5 大类，各据点依照其机能配置设施及空间。

①避难生活据点

即紧急避难与收容场所。对应不同灾害时序中避难人员可停留时间的长短，大致分为 4 个层级。其中，后三者为进行较有秩序的避难行为所需要的场所，并有较高的安全需求。

A. 紧急避难场所，主要因应 3 分钟内人员寻求紧急避难场所，属于个人自发性避难行为，自主性地寻求第一时间躲避场所，这些场所大部分属于区域内的开放空间，包括基地内空地、公园、道路等。因此在对策上并无特别指定的据点，完全视当时情况来加以运用。

B. 临时避难场所，以收容暂时无法直接进入安全的避难场所的避难人员为主，指定的空间对象以现有的邻里公园、绿地为对象。

C. 临时收容场所，划设目的主要是提供大面积开放空间为安全停留的处所，待灾害稳定后再进行必要的避难生活，主要以中小学、1 公顷以上的公园绿地为指定对象。

D. 中长期收容场所，目的在于能够提供灾后都市复建完成前进行避难生活所需设施，并且是当地避难人员获得各种信息情报的场所，因此必须拥有较为完善的设施以及可提供避护的功能，大致以全市型公园、高中、大学为理想对象。

表 5-3　台湾都市社区紧急避难与收容场所划设标准

类别	空间名称	划设指标
紧急避难场所	基地内开放空间	周边防火安全绿化带
	邻里公园	
	道路	
临时避难场所	邻里公园	邻接避难道路 至少邻接 1 条输送、救援道路 平均每人 2 平方米的安全面积 至少 1 个两向出口
	大型空地	
	广场	

（续表）

类别	空间名称	划设指标
临时收容场所	全市型公园 体育场所 儿童乐园 广场	邻接至少 1 条输送、救援道路
中长期收容场所	学校 社教机构 医疗用地 医疗卫生机构	邻接至少 1 条输送、救援道路

资料来源：台湾《都市计划防灾规划作业手册》（2000），转引自萧江碧：《都市老旧社区防灾规划原则及改善方案示范计划之研究——以台中市新兴、乐英及东势社区为例》，台北："内政部建筑研究所"研究报告，2009年，第31页。

②医疗据点

A.临时医疗场所，是指因应都市中每一个可能成为灾区而必须发挥紧急救援、急救功效的机能场所，均是配合临时收容场所设置的，并同时是医疗体系的临时医疗场所所指定的据点。

B.中长期收容场所，主要提供伤患人员中长期收容场所，而其指定对象通常以防灾避难圈为单元分派服务范围，依据在都市中的地理区位及附设病房等符合条件的医院为主，以求医疗资源充分运用。

③物资支援据点

A.发放据点，设置目的在于使避难生活物资能有效为灾民所领用。9·21震灾后开始与大型购物中心进行合作，成为提供灾时民生所需物资的主要供应场所，从而减少民间物资捐赠后所衍生的交通压力及供需失衡、分配不均等问题。又因河川分布亦有桥梁阻断的危机，所以物资来源据点的预先建立是非常必要的。如大里市与民间大型购物中心和批发仓储业签约，分别在北中南各地成立"救灾物资集散及库存中心"，以提供未来灾害发生时必要的物资供应来源。①

---

① 参见陈建忠等：《大里市都市防灾空间系统规划》，台北："内政部建筑研究所"研究计划成果报告，2002年，第52页。

B. 接收据点，又分为全市性与区域性的。前者为接收外援物资的场所，同时必须担任调度及分派物资至各灾区的角色，指定对象大多以便于联外的公共场所或交通枢纽据点为主，如机场、港埠、车站、大型市场等；后者则为接收上一层及发送物资的地区型接收场所，通常属于较为独立的区域，以交通便利、区位适当、且能容纳直升机起降及车辆停放的大型公园为主。

④消防及警察据点

为配合避难区域的单元划设，有效发挥消防救援及情报资讯搜集、灾后秩序维持等机能，除于据点内储备相关器材、水源以及具备相关专业人才之外，还应切实深入各临时收容场所设置观哨所，以掌握灾区即时状态，作为后续进行或下达行动指令的参考。

表 5-4　台湾都市社区防救灾据点划设标准

防灾系统	层级	空间名称	划设指标
医疗	临时医疗场所	全市型公园	邻接至少 1 条输送、救援道路
		体育场所	
		儿童游乐场	
		广场	
	中长期收容场所	医疗卫生机构	邻接至少 1 条输送、救援道路
物资	接收场所	航空站	邻接至少 1 条输送、救援道路
		市场	
		港埠	
	发放场所	学校	
		体育场所	
		儿童游乐场	
		全市型公园	
消防	指挥所	消防队	邻接至少 1 条输送、救援道路
	临时观哨站	学校	
警察	指挥中心	市政府、警察局	邻接至少 1 条输送、救援道路
	情报收集站	派出所	

资料来源：台湾《都市计划防灾规划作业手册》（2000），转引自萧江碧：《都市老旧社区

防灾规划原则及改善方案示范计划之研究——以台中市新兴、乐英及东势社区为例》，台北："内政部建筑研究所"研究报告，2009年，第33页。

（3）防救灾路线

防救灾路线即道路系统，在避难生活圈整体规划中，扮演了极为关键的角色。灾害发生后所需要的救援、运输、联络等救灾与避难行为，均仰赖其效率性与畅通程度。在整个灾害发生的时序上，道路系统是第一顺位直接面对灾害防堵与人员救护疏散的防灾空间系统。它与防灾避难的各个据点都息息相关。各防救灾系统的功能发挥，都需借助道路系统的正常运作方能达成。

根据地区特性而产生的不同层级及机能，防救灾道路系统内包含有紧急道路、救援输送道路、消防通道与避难通道。

表 5-5　台湾都市社区防救灾路线划设标准

类别	空间名称	划设指标
紧急道路	20米以上计划道路	联外主要干道、桥梁
输送、救援道路	15米以上计划道路	扣除停车，宽度仍保有8米消防车作业净宽道路两旁防高处落物
	河岸道路	消防水源充足串联区内各主要防救据点
消防避难道路	8米以上计划道路	道路两旁为不燃建筑（沿街不燃化）道路维持4米以上消防车作业净宽满足有效消防半径280米需求，减少消防死角
紧急避难道路	8米以下计划道路	连接各街廓及避难场所确保道路畅通及安全性

资料来源：台湾《都市计划防灾规划作业手册》（2000），转引自萧江碧：《都市老旧社区防灾规划原则及改善方案示范计划之研究——以台中市新兴、乐英及东势社区为例》，台北："内政部建筑研究所"研究报告，2009年，第32页。

①紧急道路，指定路宽20米以内的主要联外道路，为第一层级紧急道路，包括联络外县（市）及外援运送至灾区内的主要干道和桥梁。由于其定位与机

能攸关县（市）本身对外联系的重要命脉，因此，通常需搭配或划设其他替代道路作为紧急辅助之用。

②救援输送道路，指定路宽 15 米以上，配合第一层级道路构成完整的防灾交通路网，主要提供避难人员通往避难场所的通道，以及将救灾物资、器材及人员等运送至各防灾据点。

③消防通道。对于灾害所衍生的火灾事件，在第一时间必须提供足够宽度的道路作为消防车辆通行的要件。由于社区路网密集，在社区性消防通道仍以 8 米以上道路为主，并同时需确保消防车辆行进通畅及有足够的空间供消防机具操作使用，且应满足有效消防半径 280 米的需求，以减少消防死角产生。

④避难通道，以社区内 8 米以下道路为主，是将灾区内的避难人员紧急疏散至临时避难场所的路径，并提供避难人员通往临近避难据点或中长期收容中心的通路，同时扮演前三个层级道路网的辅助性路径。

（4）火灾延烧阻隔带是将不燃化的建筑物结合或利用道路、河川、公园、公共设施等都市设施，构成延烧隔断带的网络，以防止火源延烧造成人命与财产的损失。

（5）都市维生系统包括交通、供水、瓦斯、电力、通信与医疗卫生等项目，皆为都市基础设施，也是灾害发生后复原重建工程的基础，其规划、管理与维护的原则如下表所示：

表 5-6　台湾都市社区维生系统规划、管理与维护原则

维生系统类别	规划、管理与维护的原则
重要维生线干管	应布设于主要逃生路线及防火区划周边，尽量以共同管沟予以容纳
给水系统	管路布设应避免跨越断层地带或潜在的地质灾害地区，如确有必要应于潜在地点采用多节、柔性的连接管线
电力系统	输送线路应予地下化，避免穿越断层线 变电系统尽量设置于防火区划边缘 建立检查系统，便于灾害发生时，检查输送的货物与储存设施

（续表）

电信系统	输送线路应予地下化，避免穿越断层线
	通信中心及储放紧急供给设备的建筑物应采防震设计
	应考量区域隔离措施，避免灾害区域影响其他区域的正常运作
	公共建筑物及避难场所应设置紧急电源
瓦斯系统	输送线路应予地下化，避免穿越断层线
	应设置侦测漏气及紧急切断系统，使用自动化管制系统
	输送管线应与电力线路保持至少3米以上距离
	瓦斯加油站应设置在空旷地区或做妥防灾设施

资料来源：台湾《都市计划防灾规划作业手册》（2000），作者根据陈建忠等：《斗六市都市防灾避难空间系统规划之研究》，台北："内政部建筑研究所"研究计划成果报告，2002年，第33页，自行整理。

4. 社区灾害应急管理预防机制构建的后续影响

"八八"水灾后，台湾行政管理部门提出了"防灾优于救灾、离灾优于防灾"的理念，社区灾害预防机制备受重视。

"内政部"自2009年起实施"灾害防救五年中程计划"的成果之一，就是到目前为止，全台共完成了7835张防灾地图。作为灾害管理的一项重要的"非工程性措施"，灾害风险信息地图能够应用于灾害减除、准备、应对及恢复等不同阶段[1]。2012年6月西南气流带来暴雨，防汛期首度实施的"防灾地图疏散计划"，90%都在准确预测范围内，发挥了相当不错的效果。其余10%可能因污水下水道阻塞等因素，超出防灾地图的范围，未能准确预测出来。灾害潜在地区的村（里）长依防灾地图，都能在6小时前通知民众疏散、避难。

（二）台湾社区灾害应急管理的灾前准备机制

1. 早期预警机制

早期预警机制长期被认为是减灾的基石。由于科学技术的进步与提升，早期预警系统在监测与预测上能够变得更好、更精确，并因信息交换的自由与无限制而更为有效。

---

[1] 参见曹惠娟：《灾害风险信息地图绘制及其在应急管理中的应用》，兰州：兰州大学信息资源管理硕士论文，2010年，第53页。

早期预警系统被公认为是高度科学与专业技术的议题，包括灾害监测、预测、电信、气候学、火山学、地震学等。2005 年"联合国世界减灾峰会（WCDR）"要求发展以人为本的预警系统，特别是报警及时、面临风险者易懂的系统。气象服务亦形成共识，呈现出"从以往科学中心的途径转而变成使用者导向的趋势"①。台湾地区将之纳入灾害管理系统，现有人造卫星除了观察、预报气象外，还具备接收卫星定位信息的功能，在综合运用 GIS（地理信息系统）、GPS（卫星定位系统）、WebGIS（利用互联网发布地理信息）等技术手段基础上，不断建构灾害应急管理体制能力。而社区的涉入对其早期预警机制的运作也产生了重要影响。社区在传播信息、运作及维持预警设备、组织训练、公众教育等方面扮演着重要角色，促使灾害防救相关部门传送清晰简单并能够被理解的信息。这些改变为其带来了更有效能的早期预警系统。

（1）警报

加强预警就是防线前移、关口前移，为采取行动留下更大的余地。就是在与大自然争夺时间，争取速度。对此重视与否，从根本上反映了对人的重视与否。印度洋海啸留给世界的教训是：预警比预案更重要更紧迫。美国国家海洋和大气局的一位负责人曾指出：地震引发的海啸需要半个小时方能到达斯里兰卡，需要 1 小时才能到达泰国和马来西亚海岸，人们只需要 5 分钟就能走到安全地域。正是由于预警设施和预警管理的缺失，使这些地区的灾害得以放大，造成了巨大的损失②。故此，台湾特别注意台风警报的发布。

当预测台风的 7 级风暴风范围可能侵袭台湾或金门、马祖 100 公里以内海域之前的 24 小时，即开始发布各该海域海上台风警报。尔后，每 3 小时发布 1 次警报。警报发布时机定于侵袭前 24 小时，主要是让在近海 100 公里海域作业的渔船或游憩的船只能有足够时间应变，如进港避风或者采取其他必要防范措施；另外，民众于海上警报期间，应避免到海边戏水、活动，以防范长浪带来的意外灾害。当预测台风的 7 级风暴风范围可能侵袭台湾或金门、马祖陆地之前 18 小时，立即发布各地区陆上台风警报。尔后，每 3 小时发布 1 次警报，并每小时加发最新台风位置。陆上警报发布时机定于侵袭前 18 小时，主要是让民

---

① 詹中原等：《政府危机管理》，台北：空中大学，2006 年版，第 59 页。

② 参见詹中原等：《政府危机管理》，台北：空中大学，2006 年版，第 301 页。

众及防救灾单位能预先做好各项防台准备工作。

（2）解除法律限制，减少预警信息传输环节，缩短与公众的距离

日本3·11地震，政府与民众从容不迫地应对，对台湾各界影响极大。第三天上午马英九即召开跨部门会议，就重大灾害预警机制进行检讨。"内政部"部长江宜桦表示，此次日本在地震前30秒以手机简讯发出预警，台湾在技术上已经可以做到，将结合传播、电信、网络等业者做系统规划，未来在侦测到一定强度的地震时，就可提供15到20秒前的预警，以手机短信告知民众疏散。

就法律层面而言，台湾过去的法律规定，发布重大灾害信息，必须待"灾害应变中心"成立，才能正式签文发布。但地震灾害的发生时程很短却又损毁巨大，无法等待，因此在政策方向上，将解除此一法律限制，采用"事先批准"的方式，建立一套紧急简讯的广播系统，在契约或公文中清楚加注，凡地震预报中心监测到一定等级以上的地震，就自动传送到电信系统，由业者径行发布，"灾防中心"视同自动成立，"气象局"马上就可以发布信息，除了在最快时间内通知民众躲避地震灾害，也为民众争取15秒到20秒的紧急应变时间。

（3）针对泥石流灾害，划设红色警戒与黄色警戒两类不同程度的警戒区域，以资撤离之据。并已规划将户政、警政、消防等单位信息结合在一起，在水灾来临前或泥石流形成前，通过监视器，及时进行撤离并救灾。

2. 灾情查报机制

为执行"灾害防救法"第30条所规定的灾害查报及通报工作，"内政部"制定"执行灾情查报通报措施"，目的在于确实掌握灾情，发挥救灾效能，于灾害发生或有发生之虞时能迅速传递灾情，采取必要的措施，以期减少生命财产损失。该措施赋予服务民众最密切的警勤区员警、村（里）长、村（里）干事、义勇消防人员及消防救难志工团队人员灾情查报、通报任务。执行灾情通报系统的主轴为警、消、村（里）长。当灾害发生，电话、道路、电力中断时，将由负责第一线的灾情查报及回报人员，向"灾害应变中心"正确反映灾情。"应变中心"是灾害状态下处理紧急事务的大脑，而灾情查报就是这个中心的触角，发挥着特别重要的作用。

3. 预防性撤离机制

在政策理念上，近年来台湾政府秉持"料敌从宽、御敌从严、超前部署、预置兵力、随时防救"的原则，事先做好各项灾害防救措施，让民众的生命安全获得保障。主要有：

（1）停班停课与疏散

根据"行政院"所颁"天然灾害停止办公及上课作业办法"的规定，当预测台风暴风半径于 4 小时内可能经过的地区，其平均风力可达 7 级以上或阵风可达 10 级以上时，即属达到停止办公及上课的标准，至于是否停止上班上课则由各直辖市、县（市）政府决定。人事行政总处近期还表示，将检讨停班停课处理机制，以能因地制宜更有弹性，例如可研议授权偏远、易受灾的乡（镇、区），在情况紧急时先停班、停课，不用统一由县（市）长宣布。

从实际执行情况看，地方政府已普遍提高了警惕，在强台风到来之时，各部门就积极动员，学校停课，机关放假，工厂停工，各大交通枢纽也常因台风而紧急宣布停运。而对在危险区域活动的人群，亦进行及时疏散，对一些不听劝告者，警方可依"灾害防救法"开出 5 万到 20 万元的罚单。

（2）预防性撤离

"八八"水灾后，台湾政府应对灾害的思维有了很大转变，全盘更新了标准作业程序，执行撤离的态度也严肃了很多，只要遇到风灾雨灾，防灾专员及志工就会通报民众撤离。各级政府并不以撤离为满足，更妥善安排运输工具和避难场所，让社区居民在安置处所住得舒服。在民众的自觉配合下，这种预防性撤离机制成为伤亡减少的重要原因。比如，"八八"水灾后不久，芭玛台风来袭，社区居民撤离危险地区的工作就做得比较彻底，伤害也就较轻；2012 年 6 月份的连日暴雨造成多处灾情，也因为有预防性的撤离措施再加上民众配合，避免了一些不必要的悲剧发生。台风暴雨的强度不是政府、社区及民众所能控制的，但防台防汛的准备却要做到最好。自政府到民间，台湾社区应对台风灾害的预防性撤离机制已逐渐标准化。

表 5-7　近年来台湾地区应对台风灾害的撤离及避难情况简表

台风名称	侵台时间	撤离疏散及避难情况
罗莎	2008.07	截至 7 月 29 日下午 20 时，撤离人数 1304；仍设有 7 处收容所，收容 110 人
蔷薇	2008.09	截至 8 月 29 日 22 时，撤离人数 3661；仍设有收容安置处所 31 处，收容人数 527

（续表）

台风名称	侵台时间	撤离疏散及避难情况
芭玛	2009.10	截至 10 月 8 日 9 时，共计疏散撤离 7863 人；共开设收容安置处所 70 处
凡亚比	2010.09	截至 9 月 21 日 15 时，累计撤离人数 16584，收容人数 2099
南玛都	2011.08	截至 8 月 31 日 16 时，计有 11 县（市）内 20 区 44 乡（镇、市）进行撤离作业，总计撤离居民 11163 人；仍设有收容安置处所 36 处，安置 1770 人
泰利	2012.06	截至 6 月 21 日 17 时，累计撤离 9712 人；自 610 水灾以来累计开设收容所共 125 处，累计收容人数共 4957 人
苏拉	2012.07	截至 8 月 3 日 14：30，累计撤离人数 9840；累计开设收容所共 149 处，累计收容人数共 4616 人

资料来源：作者根据台湾"内政部消防署"全球资讯网之历年灾害应变处置报告自行整理，http://www.nfa.gov.tw/upl.

（三）台湾社区灾害应急管理的灾时应变机制

1. 逃生避难机制

在灾害发生的第一时间内，民众最需要的是社区自救体系的启动，要能知道，发生灾难时该到哪里去避难。为此，台湾"内政部"印制防灾路线图，发放给每户民众，上面清楚标识该地区的避难点位置，同时倡导民众备妥防灾逃生包，并于事后追踪倡导程度，以落实逃生避难信息的贯彻。社区内通报及疏散住户的工作则交由社区防灾组织。如台中县东势镇庆福社区在中兴大学专业团队帮助下制定了疏散及通报方式，由村庄联络各邻通报人，再由各邻通报人联络居民，以求尽速避难，减少伤亡。

2. 社区组织的紧急应变机制

就社区灾害应急管理而言，灾时紧急应变效能如何，与社区组织平时的工作投入及其与居民间的互动密切相关，组织健全且参与度较高的社区自救能力亦强，灾时能发挥其上联下达的桥梁作用及紧急动员作用。

（1）向基层政府部门及时准确地汇报灾情，请求支援。如庆福社区制定了紧急救援及联络方式，汇整村子邻近的警消医疗等相关的灾害应急管理单位及紧急联络通报的资料表，灾时由村长和邻近警消医疗单位联系，告知所需的补给、医疗等资源，并提报当地灾害现况给灾害治理单位，以利紧急抢修及后续整治的执行。

（2）向社区民众传递避难据点、伤患救助场所、指挥中心等方面的信息，并通过社区志工及居民之间的互相帮助，开展紧急避难与急救。凤义社区对灾前减灾就有正确看法，村长早就将疏散避难据点钥匙配制多份，交由不同居民保管，以确保灾时急用；而社区防救灾组织成员参与度较高，愿意配合，出动自有车辆帮助进行疏散工作①。

（3）动员居民展开社区自救及联外救援。如属于都会型山坡地社区的汐止市长青社区，1998年芭比丝及瑞伯台风侵袭，造成社区道路严重坍塌中断，致使社区主要联外道路无法通行，社区联络政府单位却缓不济急，于是原有的守望相助巡守队转换为"防灾小组"的角色，动员居民紧急抢修道路，阻止灾情扩大（魏雅兰，2001）②。

3. 社区居民间的互救互助机制。9·21震灾后，位于南投县北中寮的龙眼林社区，即展现出平时社区组织互动互助与居民彼此认识的成效，幸运逃出的居民立即集结将埋困在瓦砾土堆中的居民救出，在居民相互熟悉的情况下，纷纷就埋困者可能的位置进行徒手挖掘，以最迅速的行动先让所有埋困者能呼吸到空气，再陆续慢慢挖出。这种幸存者相互间的救助成为灾害发生时的第一应急作为。正如1995年日本阪神地震时，推测约有18,000人自瓦砾中被救，但其中15,000人是被邻居的手所救出的③。台湾的经验再一次印证了灾害发生时，社区居民间的互救互助机制是非常重要的。

---

① 参见詹桂绮：《社区防救灾推动方式与流程之比较研究——以"社区防救灾总体营造实施计划"案例为对象》，台北：台湾大学建筑与城乡研究所硕士论文，2003年，第66～67页。

② 参见詹桂绮：《社区防救灾推动方式与流程之比较研究——以"社区防救灾总体营造实施计划"案例为对象》，台北：台湾大学建筑与城乡研究所硕士论文，2003年，第25页。

③ 参见纪云曜：《高雄市都市危机处理行动作业规范之研究》，高雄：高雄市政府研究发展考核委员会，1999年，第132页。

（四）台湾社区灾害应急管理的灾后安置机制——以"八八"水灾为例

1. 紧急短期安置

灾害发生初期，第一时间的安置工作是紧急而暂时的。灾民被解救出来后，先依照顺序登记姓名与部落，之后被安置进临近的收容中心，如教会、寺庙、学校等临时避难场所。安置的原则是将一个收容中心安置到一定的人数后，再送至下一个收容中心安置。身体不适或肢体障碍的灾民则被安置在适当的养护中心。此项判断工作就交由安置收容中心的社工员帮忙。在紧急短期安置的过程中，大量的志工从各地涌进灾区帮忙，各个非营利组织之间进行商讨，分工合作，个人志工则加入非营利组织，以确保安置中心运作管理更为顺畅。

最为紧张的紧急救援阶段过后，即协商改善安置群体，将同一村落与家庭安排至同一个营区，对于宗教问题在意的灾民则交由该地区的宗教团体进行安置。行动高效的民间灾害紧急救援组织如慈济，在灾后隔天即制定出作业办法，发给灾民应急金与生活包。与此同时，大量救援物资也从各地涌入灾区。为了让灾害应变中心知道拥有哪些物资与数量并妥善用于救灾上，高雄县社会处建立起一套电子化流程，公告于社会处网页：物资送达各个仓储中心后，工作人员及志工点收物品名称、数量、保存期限等资料，建立表单记录，依据分类分区存放，并装箱整理，记录盘点表单，以清楚掌握进出货及库存管理情形。空投下来的物资则交由村（里）长进行分配。[①]

2. 中期安置

中期安置是指转到中长期避难场所后的安置，由政府提供营区，作为灾民收容安置中心。政府将每个营区的管理安置工作委托给非营利组织负责，如红十字会、家福、励馨、世界展望会等，由社团之间自行商讨确定各自负责的营区后，政府再搭配社会处的人员进行辅助管理。慈济和世界展望会分配到任务主要是为灾民盖永久屋。

灾民收容安置中心转到营区后，资源管理与调度即交给营区内的灾民。一开始营区是由各村派代表，去领取物资然后分配给各自的村民，后来即选举出自治会来管理营区内的事务，如协助分配物资管理、治安维护、协调各种冲突

---

① 参见余君山：《高雄县灾害应变中心危机处理之探讨——以莫拉克风灾为例》，台北：台北大学公共行政暨政策学系硕士论文，2011年，第93页。

等。各营区的非营利组织与政府单位则以协助者的角色提供硬件设施的维护，并将物资交给自治会。如高雄县营区就是由红十字会、世界展望会、自治会及政府成立的临时办公室负责管理的，政府为协助角色，红十字会跟世界展望会负责硬件维护。由这两个非政府组织筹集的物资进入营区后，则统筹给自治会去发放。

3. 政府安置体系

依据"灾害防救法"第 37 条：为执行灾后复原重建，各级政府得由各机关调派人员组成任务编组的重建推动委员会；其组织规程由各级政府确定。重建推动委员会于灾后复原重建全部完成后即行解散。重建会组建后首先面对的工作就是社区民众的灾后安置。

"八八"水灾后，"行政院灾害重建委员会"于 8 月 17 日启动。8 月 18 日政府开始提出相关灾民安置计划，"行政院"力邀慈济等 5 大慈善团体，协助政府安置灾民。由政府提供公有土地供慈善团体兴建组合屋或永久屋；永久屋兴建后，将捐赠给灾民使用，或由政府规划，灾民享有免租金的无偿使用权。接受民间捐款的赈灾基金会也依"重大天然灾害赈助核给要点规定"，同时展开赈助工作。赈灾基金会与台南、屏东、高雄、嘉义、台东及南投县政府联系后，统计汇整各乡（镇、市）公所的淹水户及安迁户，提出近 36.5 亿元的赈灾预算。"劳委会"则在 42 个受灾乡（镇、市、区）全面推出"'八八'临工专案"，每天提供 200 个工作机会，一日工资 800 元，登记后马上派工，当天领钱。

据"莫拉克台风灾后重建推动委员会南部办公室"公布的数据，截至 9 月 1 日，因莫拉克台风死亡、失踪及重伤的慰助金发放人数计 511 人，发放比率已达 88.71%；住屋毁损不堪的居住安迁慰助金发放 908 户，发放率已达 83.23%。南部办公室也指出，紧急收容所临时安置的灾民已陆续安排至营区及退辅会农场、荣家等中期安置中心 17 所共 4367 人，12 处紧急收容处仍收容 502 人。南部办公室表示，为加速对灾民服务的整合，提供重点灾区重建工作实时服务，"内政部"已于南投县、嘉义县、台南县、高雄县、屏东县及台东县等 6 个县市成立 12 个联合服务站，并已于 8 月 28 日起正式运作。

"'内政部'莫拉克台风房屋毁损者优先安家计划"及"莫拉克风灾后重建特别条例及相关子法"第 20 条第 7 项"莫拉克台风灾区配合限期搬迁之迁居者或房屋拆迁户补助办法"则均提出居住安置方案，分自行租屋、自行购屋及政府安置 3 个方案，灾民可自行选择。其中自行租屋及自行购物，均可申请生活补助金，每户每月 3 千到 1.5 万元（户内人口以 5 人为限），为期半年。灾户自行租屋者可申请租金赈助，每户每月 6 千元至 1 万元（3 口以下 6 千元、4 口 8 千、5 口以上 1 万元），最长两年。属自行购屋者，可申请"建购住宅贷款利息补贴"，贷款额度最高为 350 万元，偿还年限 20 年，宽限期（缴息不还本）最长 5 年。由政府安置部分，兴建临时住宅（组合屋）安置或运用现有"国防部"备用营舍、"教育部"闲置校舍、其他闲置公有建筑物等资源[①]。

4. 紧急医疗救助安置

灾害发生后，除第一时间积极救灾之外，伤病患的现场急救运送与后续医疗处置，亦是重点。现场伤病患的检伤分类愈快完成，就愈能将其依照伤情程度分散送往就近适当的医院。伤患资料搜集的完整性与正确性，也将影响后送医院治疗的整个流程。故此，2008 年 11 月 19 日"卫生署"颁布"紧急医疗救护法施行细则"，"经济部"RFID 应用推广办公室则提出"应用 RFID 整合医疗物流及资讯流最佳化紧急医疗运作"。亦有学者提出跨区域支援的无线电运用全台共通频道可为救灾与救护所用，并高度评价"目前到院前的消防救灾救护人员在灾害应变上有很高的素养"[②]。这都为灾害发生后的紧急医疗救助安置提供了法律与技术基础。

（五）台湾社区灾害应急管理的灾后重建机制

1. 心理重建

所谓的灾后心理重建，是指协助者运用心理辅导专业以及相关活动，以协助当事人恢复其基本的防御功能。

突然而剧烈的灾害，常常破坏个人的心理防御功能，以至于无法以有效的方式作出反应。灾民所受心理创痛，已不只是灾害发生时的恐怖经验，最大的创痛是面对亲友的死亡。9·21 震灾后，重大创伤症候群在各灾区逐渐浮现。高雄长庚医院利用中秋假期指派精神科医师，深入灾区提供帮助，发现问题比想

---

① 参见"莫拉克风灾后重建特别条例及相关子法"，http://88flood.www.gov.tw/upload/20091225.pdf.

② 熊光华等：《电子伤票应用于大量伤患事件现场之研究》，载张中勇、张世杰主编《灾难治理与地方永续发展》，台北：韦伯文化国际出版有限公司，2010 年版，第 281 页。

象中严重。这些患者共同的特征是整天头晕，一直感觉地在晃动，甚至晃动得想吐，因为担忧还会发生地震，尤其害怕睡梦中地震来袭，都睡不着觉，并普遍失眠严重，记忆力不好，精神恍惚，以及有焦虑症状等，且均呈现面部肌肉紧绷，在灾区走来走去，喃喃自语，看到医生就倾诉不停，有的说："我这一辈子都完了，所有辛苦白费了。"有的边哭边说："朋友都没了，就剩下孤零零的我。"还有的跪在地上祈求老天不要再发生地震了。对于这些患者的哭诉，精神科医生表示，医师或社工人员必须有耐心倾听，让患者尽情吐露心中的恐惧与痛苦。该医院呼吁除了专业医师之外，教会等宗教团体与社工人员也急需参与团体咨商工作，才能在最快时间内抚平受灾民众的心灵①。

不过，参与救灾的志工也常因为目睹及倾听了太多的死伤惨剧，心理压力激增，亦需要寻求适当协助。据"中央"社记者陈清芳的访问报道，9·21震灾之后，旧金山退伍军人医院"创伤后压力症候群"指导人法兰克·史恩费尔德（Frank Shoenfield）曾去台访问，由慈济人员带领拜访灾区，接触灾民。他一方面发现慈济志工倾听地震灾民的心声，又帮助灾民重建家园，成为众多灾民的心灵依靠。但另一方面也发现，大约有十分之一的志工，因而产生"创伤后压力症候群"（Post-traumatic Stress Disorder）。主要症状为：心理上的沮丧、忧郁、敌意、愤怒、自责、重复性思考、茫然、绝望等心情不断地交替出现，也包括生理上的胸闷、呼吸不顺畅、失眠、记忆衰退、精神无法集中等现象②。

由此可见，灾后心理重建需要长时期有计划的关怀与投入。在此方面，台湾极大地动员了社区力量，联络医疗单位、政府部门等相关方面的帮助，发挥社区守望相助的精神，开展居民间的互助。更有大量的宗教团体与社工人员与社区居民陪伴、倾听、对话，并对其进行训练与动员，使之彼此互助，重建生命观，成为社区居民心理重建的有效方式之一。

2. 社区重建

大部分灾难中会出现个人创伤和社区创伤（集体创伤）两种创伤类型。后

---

① 参见詹中原等：《政府危机管理》，台北：空中大学，2006 年版，第 171 页。

② 参见游祥洲：《论佛教对于天灾的诠释与九二一心灵重建》，载林美容等主编《灾难与重建——九二一震灾与社会文化重建论文集》，台北："中央研究院"台湾史研究所筹备处，2004 年版，第 80 页。

者是指"一种对社会生活组织的打击，不但伤害了人与人之间的联系力，也破坏了社会团体的归属感"。所以，所谓的社区重建，基本上就是运用各种资源与方法，以协助受灾地区重新建构该社区或团体的凝聚力与归属感①。

在台湾，社区灾后重建呈现出浓厚的营造色彩，涌现出多个典型个案，如埔里眉溪流域聚落群的灾后重建，显示了草根自主力量的强大作用②；桃米生态村的社区重建经验充分印证了"危机、转机、生机，三机是一体的"③；上安社区则在专业团队的协助下建成为防灾社区。

现以桃米生态村为例，来看台湾社区灾后重建机制运作。

（1）桃米生态村的发展历程

①地震前的桃米

桃米里原是一个典型乡村社区，位于南投县埔里镇西南方，在前往日月潭的台21线中潭公路旁，海拔高度介于420米至800米之间，具有多彩多姿的森林、河川、湿地及农园，野生动植物资源丰沛，面积约18平方公里，人口有1300余人。20世纪90年代初，居民一向赖以为生的主要产业——麻竹笋一片低迷，主要销售市场从日本转向大陆再转向越南，"20多年前，1公斤3块半（约合人民币8角），20年后1公斤的价钱还是没变"，村民邱富添如是说④。随着台湾整体农村经济没落，桃米社区中许多土地陆续休耕，经济活动日益衰退，青壮年就业人口大量外流，使它变成了一个人口结构老化、产业经济衰退、社会关系疏离、公共空间简陋、地方自治不彰的老旧社区，是埔里镇最贫穷的村里之一。日月潭的观光经济也从未辐射到这里，与之毗邻的暨南国际大学（以下简称"大学"）也一直呈现消极互动状态，甚至因校舍建设与校园垃圾、实验室废水处理等问题发生争端。

---

① 参见林美容、陈淑娟：《九二一震灾后台湾各宗教的救援活动与因应发展》，载林美容等主编《灾难与重建——九二一震灾与社会文化重建论文集》，台北："中央研究院"台湾史研究所筹备处，2004年版，第267页。

② 参见黄美英：《凝聚草根自主力量：埔里眉溪流域聚落群的灾后重建》，载林美容等主编《灾难与重建——九二一震灾与社会文化重建论文集》，台北："中央研究院"台湾史研究所筹备处，2004年版，第347页。

③ 詹中原等：《政府危机管理》，台北：空中大学，2006年版，第319页。

④ 陈统奎：《台湾桃米社区的重建启示》，广州：南风窗，2010年第1期，第58页。

在社区组织运作方面，同台湾多数传统乡村社区一样，主要是宗教性的寺庙祭祀活动，其信仰中心为香火最为鼎盛的"福同宫"，社区事务多由福同宫管理委员会负责推动。1982年，埔里镇公所选定桃米社区设置镇垃圾掩埋场，因造成空气与水质严重污染，引发居民激烈抗争。镇公所遂每年编列桃米社区发展回馈金，居民也正式组成埔里镇环保卫生改善监督促进会这一社区自主组织。环促会的主导人物当选里长并顺利连任，于1997年筹组桃米社区发展协会，并陆续促成社区守望相助队、长寿俱乐部、妈妈教室、金狮阵、国乐团等多个次级组织的建立与运作。社区组织中虽然有联谊互助活动，大学社工系师生亦曾就近关怀社区老人，但各组织之间缺乏横向联结，9·21大地震之前并未形成社区总体营造的共同意识与具体行动①。

②9·21震灾后的社区紧急应变与安置

9·21震灾加剧了台湾许多乡村社区原有发展困顿问题。距震中20多公里的桃米里被震出一个"桃米坑"，成为"明星灾区"，369户人家，有168户全倒，60户半倒，受灾比例约达2/3。震灾初期，里邻系统的基层行政组织运作，不论就各级政府相关补助措施或民间团体救急物资发放，以及临时组合屋配住，大致发挥了稳定人心的功能。守望相助队等社区组织，对于伤患就医、治安维护、基本生活物资分配等，也都积极扮演协助角色。但面对各项产业受损、经济活动严重停滞、失业现象相当普遍等现状，居民茫然而压力沉重。

③寻求家园重建之路，架构社区重建组织

一个偶然的机缘，桃米里长通过大学事务组长引介，积极邀请到了已在埔里镇区成立"家园重建工作站"的新故乡文教基金会（以下简称"基金会"），进入社区协助规划灾后重建，由此开启了桃米生态村的社区重建之路。

基金会由台湾《天下》、《人间》杂志记者廖嘉展和颜新珠创建于1999年2月4日，主要目的是"实践在地行动的公共价值"，吸引、团结一群资深和年轻的文化工作者，共同致力社区营造工作。诺贝尔化学奖获得者、台湾前"中央研究院"院长及社区营造学会创会理事长李远哲先生，出任名誉董事长，理由

---

① 参见江大树：《台湾乡村型社区的发展困境与政策创新》，载李天赏主编《台湾的社区与组织》，台北：扬智文化事业股份有限公司，2005年版，第109页。

是"社区的草根活动是真正改变世界的开始"①。

与桃米社区建立联系后，基金会便指派两位兼具空间规划与社区营造专长的工作人员，几近全职蹲点式地引导社区居民，认真思考、密切讨论并尝试凝聚家园重建的理想方向。基金会的第一个公共行动是"大家一起来清溪"，以清理坑溪作为重建行动的起跑点。但质疑、观望的人多，站出来行动的人少。乡间本来对公共事务就冷漠。基金会董事长廖嘉展并不意外，他深知："真正有意义的重建工作，应根植于人的改变，社区体质的改变，以达到农村转型、产业提升的目的，并寻求家园永续的可能。"事实上，"大家一起来清溪"的目的就在于挑战既有观念，启发居民自我意识的觉醒。廖嘉展把解决"人"的问题优先于"食"的问题予以考量。基金会一开始就明确以"社区营造"的视角切入桃米社区重建工作②。

当时的台湾地方政府亦把社区重建列为灾后重建四大工作纲领之一，鼓励灾区居民由下而上参与重建工作。因此，为争取各项重建经费，桃米社区很快成立了社区重建委员会（以下简称"社区重建会"），由当时里长（兼社区发展协会理事长）担任主任委员，下设空间、产业、护溪、研发等4个小组。社区重建组织架构初步形成。在基金会的持续协助下，多方寻求各种可能的重建经费来源。第二年，社区除硬体工程如道路桥梁修复、河川坡地政治、社区活动中心翻建之外，还申请到了两项专案经费补助——"行政院劳委会"的以工代赈计划和南投县社会局的灾民职业培训计划。

为落实执行这些计划，基金会除指派包括社工、文史、行政作业等专长的更多组织成员陆续加入协助外，同时积极引介许多专家学者来到桃米社区参与重建辅导工作。其中，有关灾民职业培训部分，主要由世新大学观光系专业团队协助组织社区居民，以农村休闲观光与民宿餐饮经营为目标，实施了600多个小时的密集培训课程，对绿色民宿进行了深入讲解，并组织学员环台湾考察了一遍，以了解什么叫民宿；而以工代赈所提的苗圃计划，则得到"农委会"

---

① 陈统奎:《再看桃米：台湾社区营造的草根实践》，广州：南风窗，2011年第17期，第61页。

② 参见陈统奎:《台湾桃米社区的重建启示》，广州：南风窗，2010年第1期，第57～58页。

集集特有生物研究保育中心（以下简称"特生中心"）的大力协助，一群专业研究人员长期深入社区并带领居民进行生态资源调查，积极推动生态伦理教育与生态工法学习，并因而获得"'农委会'生态观光示范推动计划"的专案经费支持。参与培训的社区居民每个月拿 15,840 元维持基本生活，白天为社区公共事务出力，晚上强迫上课，周末则全天上课，连续 11 个月。

低度开发的桃米，蕴藏着丰富的生态资源，台湾的 29 种蛙类，桃米就拥有23 种；台湾 143 种蜻蜓，在桃米就发现 49 种。特生中心副主任彭国栋建议开生态课："如果不能让居民了解自己的生态资源，又如何谈到生态保育？"在其后的系列课程中，彭国栋以深入浅出的方法，引领居民认识生态的奥妙，改写居民对家乡的认知。3 至 9 月份是竹笋生产旺季，很多农民白天忙个天昏地暗，晚上匆匆扒口饭就跟着彭国栋到溪间湿地做蛙类调查。"自从上了生态课后，才惊讶地发现，怎么社区到处是宝贝？"这是居民的共同感受。生态课之后，彭国栋接着开设更具实用价值的"生态解说员"课程，这是经济转型和可持续经营系列培训课的一部分，开办了很多班次[①]。这都为社区其后的发展准备了人才与生态资源等方面的条件。

④ 确立社区重建方向

在基金会积极整合之下，桃米社区重建会与外来的两个专业团体展开更加密切而频繁的互动，不断激荡家园重建理念。课堂内外，桃米人与基金会和大学教授们共同讨论社区的重建愿景，提炼出"桃米生态村"的概念，达成社区总体营造的共识——朝兼顾生态保育与观光休闲的农村区域产业活化的方向发展，目标是将桃米社区从一个传统的农村转型成为一个结合有机农业、生态保育和休闲体验的教育基地。

为实现这一理想目标，短短一两年内，桃米社区积极争取各级政府与民间团体各种可能经费协助，陆续完成社区生态资源调查、社区环境绿化美化、建造原生苗圃与湿地、成立自主营造工程团队、生态导游与解说人才培训、民宿经营专业认证、社区文史记录、社区民意调查、召开社区会议等基础工作，有 9位居民通过了严格考试，分别取得了青蛙、蜻蜓、鸟类的生态解说员证书；有 6家民宿业者有了相当时日的筹备；社区自主营造工程团队陆续创作了不少生态

---

① 参见陈统奎：《台湾桃米社区的重建启示》，广州：南风窗，2010 年第 1 期，第 59 页。

保育设施，如湿地、竹桥、水车、凉亭等；特别是家家院子里的生态池，更是桃米社区建构生态伦理、环境伦理和社区伦理的一个过程，是居民们自己做企划案，向"信义房屋"申请到的生态创意资金建造的。生态池三道过滤处理后的生活污水流出来积在一个浅浅的水池里，种点儿水草、水仙、莲花，成为蜻蜓繁殖和青蛙的家园。

基金会则向南投县文化局申请"从家园的山与水重新出发"的社区环境修复与自然景观保育的重建计划，以及"行政院文建会"通过补助筹建全台第一个社区型"9·21震灾纪念馆"，都对社区生命共同体的意识凝聚发挥重大促进作用。

⑤社区生态观光产业试营运

2001年9月，在9·21地震两周年到来之际，在基金会专业人士协助下，桃米社区以"桃米生态村"的新面貌，开启了试营运阶段。基金会和特生中心策划了两场"抢救台湾生态，绿色总动员"活动，热心环保的社会各界人士聚集桃米。社区生态导游解说员讲解青蛙生态，听众中即有台湾青蛙小站站长、专研青蛙生态的杨懿如博士。第一笔解说费让社区居民真切意识到"原来老师讲的知识经济是真的"①。

经由大众媒体宣传，桃米社区生态观光产业很快获得各界关注与证明评价，尤其是因其将生态保育、环境伦理等可持续发展理念，具体落实到社区总体营造之中，得到台湾飞利浦公司认可。公司慷慨赞助基金会在桃米社区的社区营造工作，陆续捐献两座创意休闲凉亭与许多公共照明设施，并为之注入后续教育训练经费，促成第二波社区生态导游解说员的培训及社区美食班的开课。

⑥正式自主营运阶段

历经长期的互相淬炼，基金会、特生中心与社区干部三者之间已培养出了患难与共的坚定情谊，以社区居民为运作主体的社造理念深植大家心中。2002年2月，在社区发展协会的架构下，桃米社区游客营运管理中心正式成立，桃米社区正式进入自主营运阶段。除推选正、副执行长各一人，并设行政、会计、研发、产业、生态、空间、解说、民宿、交通、活动、文化、美食、护溪、工艺、环保等15个工作小组，通过细密分工，扩大社区参与层面。随着营运中心

---

① 陈统奎：《台湾桃米社区的重建启示》，广州：南风窗，2010年第1期，第60页。

的成立，原由基金会负责对外的单一窗口与行政游程安排，开始逐步移交社区干部自行处理。

基金会与专业团队长期倡导的"社区公积金"概念也被正式纳入制度化运作范畴，社区内部追求"利益均沾的共生价值"①。每一笔因社区生态旅游而获得的收入要上交 5% 到 10%，作为社区公共事务运作与弱势团体照顾的经费来源。根据基金会统计，通过社区公积金的运转机制，桃米社区在短短两三年的时间里，累积近百万基金收入，这也间接显示，社区生态旅游产业带给居民超过千万以上的经济效益②。有了公积金，社区开始通过经济补偿废耕，恢复生态。比如茂埔坑溪被恢复成自然栖地。桃米生态工法营造小组为了第一条生态河道，跑到深山区找野溪，向自然学习。溪道两边的主人被说服，放弃水泥护墙，转用砌石溪岸。人与土地，人与自然，亦在追求共生。

⑦ "让桃米动起来"

社区营造的瓶颈在于社区居民参与。为了全面塑造社区居民的价值观，吸纳更多居民参与，以有效凝聚出"生态、生活、生产"相结合的"三生共荣"的社区生命共同体意识③，基金会与社区干部在申请到的"'文建会'9·21 震灾重建社区总体营造方案"经费补助的基础上，于 2002 年提出"让桃米动起来"计划，通过邻里公共空间改造竞赛、竹编童玩技艺传承、老照片搜集与展览、社区居民做大饼、桃米平安灯节等多项活动方案，扩大社区参与，深化居民认同。

2003 年的提案计划则强调"深耕桃米"，以激荡更多的在地能量，带动社区居民一起深耕家园，打造教育与公共活动的新地标——树蛙亭、美绿化中心区公共空间、持续办理老少顽童技艺大会及桃米做大饼活动。并由基金会主办桃米美食大展，吸引社区妇女参与，进而开设桃米美食烹饪班，通过外聘师资，鼓励居民了解并多多利用当地食材，研发创新食谱，加入社区生态旅游产业行列，并提升服务品质的良好效果，创造更多就业机会。经由美食班培训出来的"社区妈妈"，考证合格即上岗服务，为前来民宿的观光客准备餐饮。

---

① 陈统奎：《台湾桃米社区的重建启示》，广州：南风窗，2010 年第 1 期，第 60 页。

② 参见江大树：《台湾乡村型社区的发展困境与政策创新》，载李天赏主编《台湾的社区与组织》，台北：扬智文化事业股份有限公司，2005 年版，第 114 页。

③ 江大树：《台湾乡村型社区的发展困境与政策创新》，载李天赏主编《台湾的社区与组织》，台北：扬智文化事业股份有限公司，2005 年版，第 115 页。

　　而配合文建会推动文化创意产业开发，同时将地方产业结合于社区生态旅游之中，积极研发拼布艺术与生态雕塑两类产品，其创造图腾皆以代表社区生物多样性的青蛙与蜻蜓模型为主，强调社区特色，在地研发，同时导入社区生态体验旅游，以提升文化创意产品的附加价值。在桃米，处处可以看到青蛙雕塑和图案，甚至男女卫生间标识都是"公蛙"和"母蛙"。桃米生态村提炼的新文化符号就是"青蛙共和国"。

　　此外，10多年的部分废耕使桃米社区的物种多了50多倍。3月份去桃米看青蛙，4月份看萤火虫，5月份看油桐花，6月份欣赏独角仙（一种甲虫），8、9月份暑假期间桃米就是小朋友们的生态课堂，白天在湿地看水生动植物，夜间抓蛙看蛇……桃米社区走上了一条"生态为体，产业为用"的广阔发展道路。"如果农村知识系统形成一种好的平台，这个平台从一个社区推广到整体，就会形成一股很重要的社会力量，这股力量会告诉我们农业是一种令人敬佩的行业，会让人觉得农村是一个很好的生活地带，最重要的是，让这一件事变得很有尊严和价值。"这是基金会董事长所理解的桃米经验①。

　　作为基金会参与震灾重建的重要伙伴社区，桃米生态村也发展成为基金会扩大推动社区营造理念的最佳实务交流与学习场域。各项社区营造的经验研讨分享与生态参观访问活动经常在此举办。如2009年9月21日晚，民宿业者绿屋小站的大院里华灯照人，白天在大学参加完"9·21社区重建国际研讨会"的人们陆续来到这里用餐。100多位来自日本、中国大陆和台湾的专家学者、社区营造者，或坐在餐厅内，或坐在凉亭中，或站在院子里，享受着"社区妈妈"提供的自助餐。3天的研讨会，外地与会者分住到桃米社区各家民宿中。大学与社区已互动起来。绿屋小站盖有1栋学生宿舍，4个房间，其中一间租给大学的一个学生。民宿业者与学校有约定，不租给大一学生，学校规定大一学生必须住校。大学对社区的经济辐射亦让民宿经营者摆脱了经营压力。

　　桃米社区生态产业运营由此进入可持续发展的佳境，教育团、亲子团、学术研讨团和社区参访团成了桃米社区的四大客户群。目前已有1/5的人经营生态产业，其他人继续经营传统农业，但因生态旅游带动而升值，亦间接享受到生态产业的红利。

---

　　① 参见陈统奎：《台湾桃米社区的重建启示》，广州：南风窗，2010年第1期，第60页。

（2）桃米社区灾后重建机制探析

①构筑公私协力的伙伴关系，借助社区灾后重建的时机，共同推动社区总体营造

社区总体营造是台湾借鉴日本经验由行政管理部门主动推动的一项政策。"目前，在台湾，'社区营造'是一个流行语，已成社会主流"[①]。但在20世纪90年代台湾社区总体营造兴起后的很长一段时期里，基本停留在理念宣传阶段。正是9·21震灾这样的一次百年罕见特大灾害，导致台湾社会价值观的转变，激发了社区生命力的再生。不论是社区居民还是非营利组织与专业团队，甚至是各级行政主管官员，在参与救灾过程中，都深刻认识到爱惜环境与生命共同体的重要性，并抱持一种反省精神，积极投入社区重建工作，整合运用社区内外资源，将社区总体营造的理念真正落实到具体行动上。

社区总体营造计划虽然是9·21震灾后台湾地方政府的重要施政方针之一，但由于各级行政管理部门财政窘乏及专业人才不足，急需非营利组织、民间企业、专业团体等社会资源的投入。作为社区总体营造计划推动的中枢部门，"文建会"基于经费的精确规划与合理运用，委托专业团体协力甄选并辅导社区总体营造，是"一项值得肯定的创新策略"[②]。桃米经验显示，如果没有基金会的长期蹲点协助辅导，没有专业团队的介入协助，未获行政管理部门经费补助，欠缺民间企业捐献支持，则各项社区营造工作就不可能适当且顺利推展。行走在这个乡间的路上，不同风格的标识牌提示着每个地方的不同资助机构，湿地公园和戏水池是"农委会"支持的，社区营造见习园区的很多项目是"文建会"支持的，民宿生态池是"信义房屋"支持的，防小黑蚊涂油箱是科技大学和南投县环境保护局支持的。

特别值得肯定的是，基金会以做社会企业的方法助力桃米生态村，一方面做社区培力，帮助社区居民成长；另一方面，导入外界的人力、物力、财力等资源，支持社区发展，并深知社区营造工作必须回归居民本身，因而积极强化

---

① 陈统奎：《再看桃米：台湾社区营造的草根实践》，广州：南风窗，2011年第17期，第61页。

② 江大树：《台湾乡村型社区的发展困境与政策创新》，载李天赏主编《台湾的社区与组织》，台北：扬智文化事业股份有限公司，2005年版，第121页。

社区组织并培训专业人才，且适时地将各项社造方案转移给社区干部接手，本身逐步退居咨询者、协助者与陪伴者角色。这对基金会与桃米社区来说，"无疑正是所谓'伙伴关系'的具体实践"①。

②架构健全的社区组织，强化社区居民的参与机制，一起努力建造可持续发展的家园

无论是政府部门的政策与经费支持，还是非营利组织的协助与推动，都需要通过健全的社区组织来运作落实。桃米社区的生态产业打的正是"组织战"，每一个社区成员、每一个生态解说员都可以带人来参观与分享各家的创意。由此，社区生命共同体渐渐成形。而社区居民的日常生活与营造活动更是依靠了各个组织协调整合的力量。经由基金会的激励与陪伴，从震灾初期的"从家园的山与水重新出发"、"大家一起来清溪"，到重建过程所进行的"社区生态资源调查与监测"、"成立自主营造团体"、"建造原生苗圃"、"保护河川湿地"、"推动生态社区"、"导览解说培训与认证"、"宣誓护溪禁渔"、"民宿识别系统经营管理"、"桃米做大饼"、"社区老照片展"、"岁末平安感恩灯节"、"社区植树节与各邻绿美化竞赛"、"桃米美食大展"、"竹编童玩技艺传承"、"9·21纪念馆点灯"等等，社区居民通过一系列的参与学习过程，不断思考并设定可持续发展家园重建方向，共同努力，逐步落实当初的理想目标。

③强化观摩学习机制，使生命共同体的意识深深植根于社区之中

桃米生态村重建成功的主要运作机制之一，就是专业团队通过在台湾境内参观学习成功案例，并借鉴国际社会经验，启发社区居民的社区营造理念，进而激励参与学习行动。基金会在桃米社区创办社区见习园区，吸引其他做生态村的社区代表和官方考察团前来交流，对一般游客吸引力也很大。尤其是园区中的"纸教堂"，已成为台湾知名的旅游景点。见习园区内办社区营造培训班，面向桃米居民，也面向外面的社区营造者。民宿主人们学习得不亦乐乎："我们一直在学习，做社区营造，培训和学习不能断。"②基金会除了通过全职辅导员协

---

① 江大树：《台湾乡村型社区的发展困境与政策创新》，载李天赏主编《台湾的社区与组织》，台北：扬智文化事业股份有限公司，2005年版，第117页。

② 陈统奎：《再看桃米：台湾社区营造的草根实践》，广州：南风窗，2011年第17期，第60页。

助各社区营造员进行社区内部扩大参与及共识凝聚外，每月定期巡回举办社区学堂与社区营造员学习会，邀请学者专家与社区营造干部、社区居民，共同针对不同主题，进行意见交流与观摩学习；基金会也常不定期举行社区咨询会谈、社区营造专题研讨、陪伴社区交流，以及参观岛内具有营造特色的社区等。多元而丰富的观摩学习机制，对于社区营造生命力的孕育产生了深远的植根效果。

9·21震灾改变了台湾社会的发展脉络，"人与人互助的局面，是最大的改变，社区人从封闭中走出来，面对大家的一抹微笑，就是他们生活的一种特质"。"桃米社区记录着台湾人成长的历程和整个社会的脉动"，不依赖政府，凭借社区人与各类公私部门的协力推动，台湾民间社会已经走向成熟的自力更生的心态。

三、台湾社区灾害应急管理的横向运行机制

由上述关于台湾社区灾害应急管理机制纵向流程上实务操作的阐析，可见其每一阶段的有效运作都离不开社区参与机制、资源动员机制、灾害防救能力建设机制及信息沟通机制等横向运行机制的配合。在此管理机制中的各构成部分相互连接、相互耦合，形成为一个自组织运行与控制的系统，较充分地实现了社区灾害应急管理的功能与理念。台湾社区灾害应急管理的横向运行机制主要体现在以下3个方面：

（一）台湾社区灾害应急管理的参与机制

灾害防救是全民性的，如果人民没有防灾观念不予配合，再完善的法律规范再多的消警人力都不敷使用。所以社区灾害应急管理应首先成为社区意识，之后成为社区行动。而无论是社区意识还是社区行动，都离不开强有力的参与机制，因为民众的参与才是社区防救灾的主力。只有增强社区民众的认同感与归属感，才能动员起居民参加社区防救灾行动的积极性，以防患于未然，或将灾害的影响降至最低。

1.培育社区命运共同体意识

（1）整合社区组织，以更好地达成共识，充分利用人力

社区成员数量是一定的，积极参与社区组织的人大致也是相同的，因此一般社区中各类组织的成员重叠性较高，易于达成共识。此外，对那些具有相同的任务分工与编组的组织，采用相同的组织成员，也可避免因过度的分工造成人手不够，以为社区工作的开展准备好组织和人力基础。

（2）通过社区组织的积极行为，增强居民的认同感、信任感和安全感

如双和社区原属眷村，居民多为荣民，对于社区有强烈的归属感与认同感。但随着时代变迁，再加上台北医学大学的设立，多了学生与外来工作的人口，社区居民的组成不再单一，对于社区的认同也不同于以前。在社区发展协会的努力推动和组织成员的悉心付出下，逐渐建构并强化了社区组织与居民之间的信任关系，增强了居民对社区的归属感。一项简单的绿化工作，不仅是社区发展协会的年度绩效，更重要的是，它让社区在点滴的改变中，能够让其他居民有目共睹。而对于社区发展协会所得的各种奖项，或是巡守队获得的荣誉，他们都会用红布条张贴在里办公室前面，不仅让付出时间、心力的居民获得表扬，更让其他未参与任何组织的居民可以同感光荣。

锦平社区守望相助巡守队则运用无线电对讲机互相呼叫，穿梭在社区的大街小巷。队部要求无线电回报的音量要大，称为"社区之音"①，让民众都听得非常清楚，能够感受到巡守队正在守护社区，比较安全，充满人情味，从而消除社区冷漠。

（3）通过举办形式多样的社区活动，提升社区全体成员的参与感

如南势社区星期六、星期天推动"社区日"，号召乡亲出来，举办亲子教育、照顾社区老人及弱势家庭等社区活动，邀请草港"国小"、鹿鸣"国中"、家扶中心成立青少年育乐营，成立社区妈妈志工服务队、福利班队长长青国乐班、妇女土风舞班、青少年课后美语班等各类社区次级组织，为社区民众提供多样化的温馨服务，以提升社区全体成员的参与感。大智里社区则通过老人方城大战、母亲节健康筛检、志工培训及法律讲座等社区活动以凝聚社区意识。

（4）建立社区组织及居民间的协商机制，实现社区自治

以新北市汤泉美地社区为例。汤泉美地社区一直是新北市涉及民生的公共政策的试验场所和示范点，比如关于垃圾收集方式，采取的就是居民垃圾不落地，定时直接投放垃圾车的做法，这样不仅美化了环境，也养成了居民良好的生活习惯。关于社区的营造和环境改造，社区组织一向是以"自助而后人助"的精神来推动，针对各项软、硬件建设，以居民学习计划、户长会议、公听会、说明会等方式，构建起与居民间的协商机制，逐一引导居民参与社区各项公共

---

① 李宗勋：《网络社会与安全治理》，台北：元照出版有限公司，2008年版，第209页。

事务，以致于每项建设均综合居民的意见后才作出规划，使居民认同社区的建设成果，更加珍惜维护社区环境，从而凝聚人心、整合社区资源，形成合力，达到共同建设美丽家园的目的。目前，汤泉美地社区是新北市最有代表性、获得最多荣誉的社区之一。社区内设有图书室、游泳池、撞球室、乒乓球室、亲子游憩室、电影院、KTV 等休闲场所。同时，社区里还有居民自发组建的众多社团，如汤泉义工队、高尔夫球社、老人会等。社区实现了自我管理，自治的特点很突出。

2. 社区灾害意识的培养机制

"天灾总是在人们遗忘时降临"，这是日本天灾防治专家寺田寅彦的名言。缺乏灾害经历的社区，灾害意识常常淡薄。即便是遭遇过重大灾害事件的社区，随着时空转变，物换星移，一旦距离灾害时间久了，居民对伤痛的往事会容易淡忘，关于灾害创伤的记忆就越薄弱，以致失去警觉性。因此，如何通过各种集会，举行座谈、宣传、教育以交换防灾救灾心得与经验，并记取教训，是社区灾害应急管理中不可忽视的重要一环。

（1）台湾社区通常利用特定的社区活动如里民大会、庙会等集会，以及座谈会、讲座或教会活动等多种方式，宣讲防救灾知识，鼓励居民参与讨论，通过居民彼此之间的交谈，进行灾害经验及信息的交流，对于社区防救灾议题及对策易于达成共识。

（2）定期训练或上课，也有助于维持社区居民的灾害意识，并巩固曾经学过的器材操作技术。而通过观摩其他社区的演练和培训，亦有助于组织的凝聚及运作。

（3）充分考虑当地社区的实际情况，适当安排灾害防救培训与演练，并协助原住民克服防灾文化障碍。台湾社区文化形态多样，这是社区灾害应急管理机制构建中必须考量的客观问题。比如，由于原住民族的特殊文化习惯，防灾社区组织在执行疏散避难工作时，时常陷入困境，一些山上的老前辈就是不愿意下山躲避，若强制带他们下来，会很不高兴，他们说反正老天在看，泥石流不会冲到他们。① 再如庆福社区，客家人居多，在社区活动参与方面较为团结，若由居民自行安排训练时间，可减少对居民工作时间的排挤。以一个生产性农

---

① 参见康良宇：《专业团队协助推动防灾社区之研究》，台北：台湾铭传大学媒体空间设计研究所硕士论文，2005 年，第 61 页。

业区来讲，辛苦一年，就两三个月的收成期，如果因为防救灾训练和演习耽误了，将影响其一年的经济生活。

3. 提供诱因

居民的参与不是只靠社区组织的热情感召就能达成的，需要提供一些诱因，以促使其参加社区灾害防救活动。一般社区在召开宣讲或动员集会时，会通过发放小礼品的方式招揽居民。若吸引居民加入社区志工队伍，除了依靠个别热心居民的自觉自愿外，社区组织还需要具有良好的形象与公信力。如双和社区在两年内即招募了 170 多位义工，分别在治安、环保及关心健康与独居老人的社会服务领域内成立 3 支强而有力的团队，且屡获佳绩。义工们会一个个加入，最大的原因就是通过已经参与其中的义工的口耳相传，因为社区妥善营造所呈现出的荣誉与良好形象，使得拉拢成员不是一件难事。2000 年间，社区组织在招募义工时，采取了一项特别的措施——加入义工可以免费使用停车场。然而，这项措施在不久之后，因为土地归还给财产局而宣告结束。就义工参与者而言，虽然有些人当时的确是为了停车位而来的，不过，在一阵换血之后，当初看上这个好处才来的人早就离开了，其余留下的人，则是真正开始用心于社区组织的人。正是这样一支得力的义工队伍，推动双和社区发展迈上了一个新的台阶。

这种镶嵌于社区民众中的自觉、分享与自治，通过交换与联结关系整合资源，为社区累积起了厚实的社会资本，是社区灾害应急管理机制有效运作的前提和基础。

（二）台湾社区灾害应急管理的资源动员机制

社区灾害应急管理的相关业务涉及警察、消防、营建、社会、法务、环境及卫生等多部门，如何整合资源，加强横向沟通联系，是建构坚固的协力互惠伙伴关系的挑战。良好的社区灾害应急管理资源动员机制，需要解决的两个关键问题是"钱"和"人"的问题，关系社区灾害应急管理组织正常运行并顺利开展防救灾工作的硬件与软件两个方面。

1. 关于"钱"的资源动员机制

包括经费补助、设施装备、教育与培训等方面的支持。

（1）争取政府部门补助

台湾地区政府采取灾因管理体制，灾害主管部门很多，对社区灾害应急管理工作的开展各有项目与经费安排。如根据"南投县村里守望相助队申请经费补助处理要点"，村里守望相助队申请经费补助项目及额度即为：守望相助岗亭设置及维修（最高新台币 7 万元）、队员巡守及交通指挥训练（最高新台币 2 万元）、队员保险费（最高新台币 2 万元）、出勤装备（最高新台币 13 万元）。其中，出勤装备是指制服、警棍、捕绳、反光背心、手电筒、警笛、交通指挥棒、照明器材、通信器材等。县政府给予守望相助队的补助经费分别为：新成立队伍每队首次最高补助新台币 20 万元；已核定有案的队伍，首次补助次年起每队每年度最高补助新台币 4 万元。

那些会善用公部门资源的社区，常能通过社区企划案获得项目经费支持，参加社区之间的活动竞赛赢取奖金，还可争取政府相关业务部门的专业技术指导。如双和社区就得到了台北市警察局、市政府局处单位所提供的专业训练及人力，警察局协助社区巡守队学习防身术，派遣替代役协助巡逻及电脑文书等工作；民政局则接受社区发展协会的活动专案申请补助，提供评核优等和特优社区巡守队奖金等机会；社区发展协会也通过总干事与理事长的努力，靠着自己撰写企划案争取政府的经费，来从事社区活动。

（2）社区居民集资

通过向居民筹措资金的方式来开展社区防救灾工作的情况，因不同社区的经济条件而异。对已发展的都市型社区来说，居民的经济压力不大，出于社区安全与改善社区氛围的考虑，能够响应社区组织的倡议。如文南社区与有线电视第四台业者协调共用线路，自筹经费建置监视系统，已完成地下光纤铺设，共装置 32 个镜头。里长发动社区民众自行出力出钱布置里民活动中心三、四楼活动空间。此前部分区域曾发生火灾，亦由社区民众集资 200 余万元整修。此外，社区桌球会及社区民众共同筹措经费筹办全台性桌球比赛，共花费约五六十万元，其中比赛奖金即高达 10 万元。而社区发动成立的爱心会，目前有会员 206 人，每个月缴纳 300 元，凡社区内生活紧急、贫苦，有里长及医院证明者，每月由该会赞助 1 万元照顾生活；并推动"老人日托"，结合当地台南医院、卫生局、卫生所医疗资源，引介各专科医师于公园内排班驻点接受社区民众健康咨询、健康检查、填写问卷等义务服务①。

---

① 参见李宗勋：《网络社会与安全治理》，台北：元照出版有限公司，2008 年版，第 120～121 页。

反观偏远的乡村型社区，如地利社区，由于社区营造未获成功发展，导致防灾社区组织在无协力资源的情形下，逐渐发生经营管理的困境。社区年轻人都到外面去谋生，只剩下老年人。为解决推动资源不足的问题，社区发展协会采取强制捐献的方式，硬性规定每一户人家必须出1个会员，参不参与事情随便，但要交1千元，理事长3千元。这对于经济条件不佳的社区来说，资源动员机制势必面临长期的落实困境[①]。

（3）向社会募捐

文南社区首创社区公益募款餐会，兼纳营利与非营利的赞助。以里民自筹经费为原则，办理筹款活动为支应，另向热心人士劝募为辅助。通过社区里民大会、社区干部、志工大队及巡守队义务解说劝募经费，办理成衣拍卖及守望相助监视系统工程募款餐会，加上历年来社区民众及外界热心人士乐捐所得，总计262余万元[②]。

2. 关于"人"的资源动员机制

（1）发挥社区"中介人"机制

在社区资源网络中，村（里）长常常扮演最重要的桥梁与中介者角色，这也表示村（里）长在社区网络中影响或控制社区成员的力道最强。其次是村（里）干事、社区发展协会执行长，也是社区事务重要的沟通渠道[③]。社区资源动员机制中关于社区居民的参与问题，总是得依靠这些社区核心人物的组织、动员、协调、联系等工作，才能有效解决。至于社区外联网络资源的运用，亦离不开他们个人的社会交往关系。此外，协助社区的专业团队也常起到为社区争取政策与资源的中介作用。

（2）统筹社区组织资源

台湾社区组织众多，常有一人兼两职甚或数职的现象，难免产生社区组织叠床架屋的困境。像双和社区里长与巡守队队长由不同人分治的特色，就明显

---

① 参见康良宇：《专业团队协助推动防灾社区之研究》，台北：台湾铭传大学媒体空间设计研究所硕士论文，2005年，第57页。

② 参见李宗勋：《网络社会与安全治理》，台北：元照出版有限公司，2008年版，第120～128页。

③ 参见李宗勋：《网络社会与安全治理》，台北：元照出版有限公司，2008年版，第120～121页。

与台北其他里不一样。社区发展协会与社区巡守队的办公室，全都与里长办公室一起。好处在于其他两个社区组织可以与里长共同分享办公室的硬件设备，基于资源合作、共享理念，创造合作共生、资源联结的最佳组合模式，各自发展且相互合作，也增加了彼此组织成员接触互动的机会，对社区居民来说，最大的好处是只要在一个地方寻求帮助，便足以解决他们的问题[①]。

（3）落实责任到人机制

从灾害应急管理机制运作的纵向流程上看，各阶段所涉任务繁多，对技术与人员的要求亦不甚相同，要使这个环环相扣的大的循环系统保持顺畅，达致防灾减灾及高效救灾的目标，离不开相关负责人员尽心尽力的付出，这就需要落实责任到人的体制机制。金华社区守望相助巡守队即作出规划，巡逻重点区域，如停车场、卖场等。由于守望相助巡守队队员分布于社区每个角落，因此平时即进行"区块认养"，除了巡守勤务外，更实施认养区的机动巡逻，全面守护，取得理想效果。

（4）建立社区灾害信息沟通机制

①通过社区灾情防治宣传队员或村（里）干部与社区居民进行面对面的沟通

如金华社区改造旧乱商业街，动员全体居民力量成功打造新街的经验之一，就是里长挨家挨户与居民对话、协调，形成共识，由社区居民自行执行拆除工程、推动招牌统一更新，造就全台第一条社区自行规划营造的商店街，由政府补助438万元，百余户社区民众则配合出资400余万元，商业街营运状况良好，居民则享受到了改建后的安全与商机[②]。

②创办社区媒体，传递社区信息，凝聚社区意识

台湾很多社区都办有社区报，以宣传社区营造理念及灾害防救知识，凝聚社区共识。如文南社区出版社区报，已持续3年，每期发行3000本，传递社区活动信息、荣誉成绩、民众及爱心会捐款公开信等，居民阅读社区报往往产生更大的回响及支持。锦平社区设置文宣小组，制作锦平社区简讯，每3个月出刊1期，持续维护更新社区通专属页面，管理留言板，建立网络对话平台，与

---

① 参见李宗勋:《网络社会与安全治理》,台北:元照出版有限公司,2008年版,第148页。
② 参见李宗勋:《网络社会与安全治理》,台北:元照出版有限公司,2008年版,第122页。

居民共同探讨社区问题。忠顺社区则通过社区刊物、社区成长课程、社区志工的参与等方式，传递广泛的社区事务信息。

③利用大众媒体，获取灾害信息，争取社会资源支持

媒体与社区的良性互动是社区灾害应急管理资源动员机制中的一个重要组成部分。大量灾害事件经由媒体及时全面的报道，得到全社会的关注，为受灾社区的紧急救援与灾后安置重建增添强劲助力。媒体还是社区居民获取灾害信息的重要途径。特别是随着互联网技术的发展，台湾于 2008 年至 2011 年期间推动"U-Taiwan 计划"，在建构 e 化安全社区基础上，发展优质网络化社会，利用信息通信技术，以求资源整合效果，从而带来社区灾害应急管理资源动员机制的新变化。

表 5-8　台湾"中央部会"网站防灾专区与 Web2.0 功能

机关名称		与防灾相关专区	是否有 Web2.0 功能
"行政院灾害防救委员会"		整个网站皆以防灾为主题	无互动功能
"内政部"	"消防署"	"消防署"防灾知识网	无互动功能
	"营建署"	莫拉克台风灾后住宅重建专区	设有民意论坛
"经济部"	"水利署"	"经济部水利署"防灾信息服务网	民众网络通报系统
"财政部"	"金管会"	"行政院金管会"莫拉克台风救灾专区	无互动功能
"交通部"	铁、公路单位	公路防救信息系统	提供灾情查询
	"'中央'气象局"	"'中央'气象局"全球信息网	设有讨论区
"农委会"	"水保局"	泥石流防灾信息网	提供防灾简讯

资料来源：洪绫君：《灾害管理 2.0——社会媒体在灾害管理上的应用与现况》，载赵永茂、谢庆奎等主编《公共行政、灾害防救与危机管理》，北京：社会科学文献出版社，2011 年版，第 191 页。

（三）台湾社区灾害防救能力建设机制

1. 对社区居民灾害防救能力的训练

在台湾社区居民防救灾能力的培养方面，专业团队功不可没。台湾大学建筑与城乡研究所为上安社区和丰丘社区开设社区防救灾训练课程，目的即在于

让居民了解社区特定的灾害议题及相关防救灾知识，同时具备紧急应变的能力，课程安排上搭配有消防队的灾害抢救课程与卫生所的医疗救护课程，分别为6至9小时。每次上课时间约2到3小时。事先由专业团队与居民讨论课程内容，以符合其所需要的防救灾技能，再邀请当地消防与卫生所专业人员，到社区授课及操作训练。训练课程内容如下表所示：

表5-9　南投县水里乡上安社区、信义乡丰丘社区防救灾训练课程表

课程名称	时数（小时）	课程内容	授课师资
灾检伤分类与处置	3	灾检伤分类、处置及照顾（含老人及幼儿）、急救箱物品准备及补充	上安、丰丘卫生所的护理长及助教
烧烫伤、慢性病患、冻伤等的处置		烧烫伤、慢性病患、冻伤等的照顾	
心肺复苏术操作	3	CPR心肺复苏术操作（大人及婴幼儿）	上安、丰丘卫生所的护理长及助教
中毒与外伤的紧急救护	3	蛇咬伤、中毒、骨折拉扭伤、包扎方法及运送方式	丰丘卫生所的护理长及助教
泥石流灾害抢救要领	3	泥石流灾害搜寻与救助采行方式与案例分析	南投县消防局、水里乡消防分队
简易搜救及器材操作	3	救助器具与实际操作使用（绳结、发电机、破坏器材、双截梯）	南投县消防局、水里乡消防分队
灭火器实际操作课程		火灾化学原理、危险物品认识、灭火安全、灭火器实际操作	
无线电实际操作课程	3	资料取得、如何正确作灾情查报及确认、与救难团体如何取得联系、无线电通信要领与实际操作	南投县消防局

　　资料来源：詹桂绮：《社区防救灾推动方式与流程之比较研究——以"社区防救灾总体营造实施计划"案例为对象》，台北：台湾大学建筑与城乡研究所硕士论文，2003年，第47页。

2. 对社区防救灾组织的能力培训

在台湾社区的诸多组织中，睦邻救援队是承担社区防救灾工作的主要组织，要求其组织整体及成员的防救灾能力比其他组织都高。社区居民参加睦邻救援队必须接受的训练课程内容包括：

（1）灾害准备：包括灾例介绍、灾情的危害与影响、认识建筑物与非建筑物的危险、减灾策略等内容。

（2）火灾灭火：包括火灾化学原理、危险物品认识、如何减缓住家与办公场所火灾危险、NRT决断、灭火器材认识与使用、灭火安全等内容。

（3）医疗救护：包括认识与生命危害状况的处置、伤患分类、全身状况评断、骨折、烧伤、拉扭伤、冻伤处置等内容。

（4）简易搜救：包括计划拟定、搜寻与救助的决断、搜寻与救助采行方式、器具的操作使用等内容。

（5）灾害心理与团队组织：包括灾后心理、NRT组织、如何作正确决定、文书制作、书面模拟作业等内容。

（6）志愿服务伦理：包括志工应有的基本认知与素养、志工应遵守的伦理准则、社会资源的结合与运用等内容。

（7）课程复习与模拟：包括期末测验、课程回顾复习、灾害模拟处置、实际演练与器材操作等内容。

而警察大学行政管理学系在木屐寮社区举办的社区防救灾组织训练工作，为期8天（共计23小时），课程内容以灾时的抢救与医疗救护为主，包括：灾害处置与实际演练、紧急救护、灾民收容、守望相助与无线电使用、水上救生技能解说、防汛设施、疏散路线及志愿服务等。其师资包括当地消防队成员、医院救护人员、派出所工作人员、水土保持专业人士、乡公所社政课课长等。

3. 演练与观摩

无论是对社区居民还是对社区组织所进行的知识教育、器材操作、灾时应变等各方面培训，都需要通过反复的练习才能使之做到灾时正确而熟练地运用。故此，常规性制度化的演习也是社区灾害防救能力建设的重要机制。

"八八"水灾后，台湾社区层面的演习受到重视，并有多方面改进。如文南社区睦邻救援队属台南市消防局指导训练，举办了全市第一支睦邻救援队的观摩演习，分别聘请训练讲师团、医疗顾问团及野战顾问团，基本模拟救灾及救援演习，并进行野外求生课程训练。而南投县于 2010 年 5 月 12 日举行的万安33 号震灾抢救演习，其中，临时收容救济站提供的帐篷，特别分为男帐、女帐、家庭帐及特殊帐，让灾民收容更加体贴及人性化。

　　灾害是危机，也是转机，是新的生机所在。台湾社区灾害应急管理运行机制的经验告诉我们：只要能在上述社区灾害应急管理的各个阶段中采取适当的对策，并将各横向运行机制贯彻其间，便可将灾害程度减到最低，甚至扭转局势，形成一个有利的局面。

结　　语

维达夫斯基在《寻求安全》一书中提出"安全风险（safety risk）"的创新观念，认为有能力"冒得起风险"（risk taking）比一味地"回避风险"（risk aversion）更能获得安全[①]。现代社会风险无处不在，生活于社区中的人们必须在思维与行动上均实现从被动应对灾害到积极营造安全的转变。社区灾害应急管理必须要学习如何组织责任与合理分担，如何实现包括共同参与（co-operation）、共同出力（co-laboration）、协调融合（co-ordination）、共同安排（co-arrangement）等基本精神在内的共同治理（co-governance）的伙伴关系。

台湾在此方面的探索与实践，经历了一个较长的历史时期，在社区灾害应急管理的制度体系、组织架构、运行机制等各方面都积累了丰富的经验。他们将社区灾害应急管理融入社区总体营造与安全社区建设之中，以重塑社区价值观、凝聚社区命运共同体意识为基础，较好地解决了社区组织建设、社区居民参与以及各方面资源动员、信息沟通等关键问题。

归结起来，台湾地区社区灾害应急管理的理念与实践可以概括如下：以社区营造的理念与方法构建社区灾害应急管理的体制机制，充分发挥社区自组织的自主、志愿、参与、学习的精神，循着"教育学习—观念改变—行动实践"[②]的策略，重新集结分散的社区社会力，增强社区灾害意识；充分发挥睦邻友好、守望相助的传统文化精神，令社区居民在由传统乡村社区"熟悉的社会"[③]转向城市社区陌生人世界之后，重拾人与人之间的温情，去除冷漠，进入一个共同抵御灾害的合作互助时代；充分发挥整个社会的力量，关注并帮助社区特别是偏远落后的乡村社区，为之提供智力和物力的支持，共同推动社区组织及居民

[①] 转引自詹中原等：《政府危机管理》，台北：空中大学，2006 年版，第 356 页。

[②] 陈统奎：《台湾桃米社区的重建启示》，广州：南风窗，2010 年第 1 期，第 58 页。

[③] 费孝通：《乡土中国》，上海：上海人民出版社，2006 年版，第 8 页。

的灾害防救能力建设。

这些理念与实践，对大陆地区的社区灾害应急管理具有一定的启发与借鉴。

受行政主导的管理体制和地方政府过度追求经济发展绩效，以及城乡二元社会体制及区域发展不均衡等多因素影响，大陆地区社区灾害应急管理具有行政化特点，尚缺乏自组织建设空间和积极主动的防灾减灾意识，很少吸纳和运用社区资源及社会力量于灾害防救的机制，且呈"点"状分布，未形成"面"的架构，城乡之间、城城之间以及发达地区的农村与落后地区的农村之间，乃至同一城市中不同阶层群体集中居住的社区之间，都存在较大差距。特别是在偏远或贫困地区，城市社区基础设施薄弱，抗灾能力不强；农村社区空心化导致脆弱化，村组织灾害管理职能薄弱；居民忙于生计，无暇顾及社区生态环境保护与防灾减灾等公共事务。加之受"单灾种管理体制"[1]和灾害管理部门化倾向等因素影响，行政管理体制中缺乏明确的综合灾害主管部门，政府各涉灾部门在社区里都有自己的职能，表面看起来各司其职，实际上是分隔管理，政出多门，致使社区无所适从，社区灾害应急管理无法做到多主体互动的网络化运作和统合性治理。

类似困境，在台湾社区灾害应急管理的历史发展中亦曾出现过。工业化、城市化、全球化带来台湾城乡社区的产业结构转型与社会变迁，改变了社区居民原有的生产模式和生活方式。在乡村，居民生存压力大，社会资本少，本就不热心公共事务，加之青壮年人口"大量移出农村"[2]，进入城市寻求更好的谋生机会，导致乡村社区产业空壳、结构老化，抵御灾害能力薄弱；在城市，快速的社会变迁、匆忙的生活节奏、功利的利益结构，导致人情淡漠，人际关系疏离，带来社区居民的孤独感和无助感，而无处不在的风险则令其不安全感倍增。这都影响了居民对社区的情感认同，社区参与意识普遍不高。而台湾政府长期奉行的都市计划区与非都市计划区政策，因政府投注的资源多寡不同，也产生了社区灾害防救能力的城乡差距；在部门制层级制的行政管理体制下，基层社区灾害应急管理的实务运作存在经费、人力、物资匮乏的状况，民众灾害意识淡薄，存在依赖心理。

---

① 段华明：《城市灾害社会学》，北京：人民出版社，2010年版，第224页。

② 蔡宏进：《社区原理》，台北：三民书局，2005年版，第121页。

一切的改变来自于社区总体营造。到基层去，回到土地、回到社区、回到生活，成为台湾文化人、大学教授、返乡大学生、中产阶级等精英分子的共识。带着一种使命感，他们像 20 世纪二三十年代祖国乡村建设运动的先辈那样，不畏艰辛，深入偏远乡村，扎根社区。他们的目标不只在于营造一些实质环境，更重要的是"建立社区共同体成员对社区事务的参与意识，和提升社区居民在生活情境的美学层次"，通过文化的手段，"重新营造一个社区社会和社区人"。这就不只是在营造一个社区，实际上是在"营造一个新社会，营造一个新文化，营造一个新'人'"。① 社区总体营造的核心理念是"造人"，社区必先有一群人愿意改变，然后，社区营造才能成功。

他们就以这样的理念促进社区防救灾总体营造，动员整个社会的力量，包括社区居民及组织、政府部门、专业团队、企业、各类非营利组织及民间团体等等，都来关心并帮助社区以及居住于社区中的人们，鼓励社区居民自觉行动起来，积极参与社区灾害应急管理，形成了一股强劲的力量，并由下而上地推及于整个社会的公共事务，从而逐步完善社会管理体制及公共行政体制。这应该是最值得大陆地区社区灾害应急管理学习和借鉴之处。

展望未来，台湾社区灾害应急管理将在以下 3 个方面进一步推展：

第一，随着网络化社会的到来及 e 化社区的构建，在信息可视化技术及 ArcGIS 技术 ②（一种集遥感、地理信息系统、全球定位系统及多媒体等技术于一体的面向使用者的综合信息管理软件）等高新技术的推动下，社区灾害应急管理情境可经由网络模拟及个体演练，得到社区居民的广泛认知，有助于进一步增强社区灾害意识及防救能力。

第二，社区灾害应急管理范畴将从单纯的灾害防救逐步扩大到经济、社会与环境等综合层面，追求维护自然生态的可持续发展的新经济模式，实现人与自然、人与土地的和谐状态，降低灾害的发生几率，以最大限度地防止灾害后果的扩大，规避由此而产生的社会风险。

---

① 苏景辉：《社区工作——理论与实务》，台北：巨流图书有限公司，2005 年版，第 86 ～ 87 页。

② 参见曹惠娟：《灾害风险信息地图绘制及其在应急管理中的应用》，兰州：兰州大学信息资源管理硕士论文，2010 年，第 47 页。

第三，目前两岸社区间的互动及灾时互助，促使两岸同胞相濡以沫的民族感情进一步加深，这将有助于推动两岸灾害联防机制的构建。

2010 年 7 月，第六届"两岸经贸文化论坛"在广州举行，所达成的《共同建议》中提出：鼓励两岸积极开展应对极端气候的防灾、救灾合作。主要包括如下内容：(1) 推动建立气象监测数据、遥感数据的交流平台；(2) 开展灾害监测、预警与应急响应的交流合作；(3) 通报灾害预警警报，建立定期交流与灾害联防机制；(4) 鼓励开展两岸灾害应变及专业救灾人员交流；(5) 联合举行应对重大环境威胁的演练；(6) 建立重大自然灾害相互救援时的联系协调机制，简化手续，便利两岸专业人员及物资尽速投入救灾。

这些建议的提出顺应了近年来两岸互助共同应对重大灾害事件的现实状况及进一步发展的需求。无论是大陆的汶川地震，还是台湾的"八八"水灾，每当有重大灾害发生时，两岸民间社会的相互救助便会迅速展开，业已形成传统。这既凸显了两岸启动共同防灾与救援机制的必要性和紧迫性，又为之奠定了坚实的社会基础。

目前，两岸社区的相互交流日益密切。2012 年 5 月，台湾基层民众参访团大陆社区行，充分感受了大陆人文社区的魅力；7 月，衡阳市领导带队考察台湾新北市汤泉美地社区，均表达了学习借鉴的意愿。相信类似的社区互访活动对未来两岸灾害应急互助与协同治理机制的构建，将会产生积极的促进作用。

而两岸共同防灾、救灾机制的构建，对两岸关系而言，又具有更为深远的历史性意义。两岸同文同宗，救援的过程中没有语言障碍和沟通困扰，更有助于提高救灾效率。如能早日建立起共同防灾与救援机制，一定能够增进两岸基层民众的情感和相互认同，从而有助于两岸关系的和平发展和人民的共同福祉。

主要参考文献

著作：

1. 詹中原等编著：《政府危机管理》，台北：空中大学，2006 年版。

2. 吕芳著：《社区减灾：理论与实践》，北京：中国社会出版社，2011年版。

3. 林俊全著：《台湾的天然灾害》，台北：远足文化事业股份有限公司，2004年版。

4. 谢必震主编：《台湾历史与文化》，北京：海洋出版社，2009 年版。

5. 丘昌泰著：《灾难管理学：地震篇》，台北：元照出版公司，2000 年版。

6. 李宗勋著：《网络社会与安全治理》，台北：元照出版有限公司，2008年版。

7. 蔡宏进著：《社区原理》，台北：三民书局，2005 年版。

8. 徐震著：《社区与社区发展》，台北县：正中书局股份有限公司，2004年版。

9. 苏景辉著：《社区工作——理论与实务》，台北：巨流图书有限公司，2005年版。

10. 詹秀员著：《社区权力结构与社区发展功能》，台北：洪叶文化事业有限公司，2002 年版。

11. 张中勇、张世杰主编：《灾难治理与地方永续发展》，台北：韦伯文化国际出版有限公司，2010 年版。

12. 朱爱群著：《危机管理：解读灾难迷咒》，台北：五南图书出版股份有限公司，2002 年版。

13. 福建省气候资料室《台湾气候》编写组：《台湾气候》，北京：海洋出版社，1987 年版。

14. 台湾全民"国防"教育补充教材之防卫动员《灾害防治与应变》，http://

www.ndppc.nat.gov.tw.

15. 林美容等主编：《灾难与重建——九二一震灾与社会文化重建论文集》，台北："中央研究院"台湾史研究所筹备处，2004 年版。

16. 陈孔立主编：《台湾历史纲要》，北京：九州出版社，2008 年版。

17. 俞可平主编：《生态文明与马克思主义》，北京：中央编译出版社，2008 年版。

18. 周志怀主编：《台湾 2010》，北京：九州出版社，2008 年版。

19. 丹尼斯·S·米勒蒂：《人为的灾害》，武汉：湖北人民出版社，2004 版。

20. 钱俊生、余谋昌主编：《生态哲学》，北京：中共中央党校出版社，2004 年版。

21. 李天赏主编：《台湾的社区与组织》，台北：扬智文化事业股份有限公司，2005 年版。

22. 沈惠平著：《台湾地区审议式民主实践研究》，北京：九州出版社，2012 年版。

23. 费孝通著：《乡土中国》，上海：上海人民出版社，2006 年版。

24. 段华明著：《城市灾害社会学》，北京：人民出版社，2010 年版。

学位论文：

1. 马士元：《整合性灾害防救体系架构之探讨》，台北：台湾大学建筑与城乡研究所博士论文，2002 年。

2. 詹桂绮：《社区防救灾推动方式与流程之比较研究——以"社区防救灾总体营造实施计划"案例为对象》，台北：台湾大学建筑与城乡研究所硕士论文，2003 年。

3. 康良宇：《专业团队协助推动防灾社区之研究》，台北：台湾铭传大学媒体空间设计研究所硕士论文，2005 年。

4. 陈稔惠：《灾害应变制度之研究——以"中央"与地方关系为主题》，台北：东吴大学法律学系硕士在职专班法律专业组硕士论文，2010 年。

5. 余君山：《高雄县灾害应变中心危机处理之探讨——以莫拉克风灾为例》，台北：台北大学公共行政暨政策学系硕士论文，2011 年。

6. 李小梅：《自然灾害型危机管理之研究——基隆"象神台风"个案分

析》，台北：台湾政治大学社会科学学院行政管理硕士学程第三届硕士论文，2003年。

7. 曹惠娟：《灾害风险信息地图绘制及其在应急管理中的应用》，兰州：兰州大学信息资源管理硕士论文，2010年。

台湾地区与社区及灾害应急管理相关的法律规章：

1. "社区发展工作纲要"

2. "社区总体营造条例"（草案）

3. "灾害防救法"

4. "修正灾害紧急通报作业规定"

5. "莫拉克台风灾后家园重建计划"（草案）

6. "火灾灾害防救业务计划"

7. "社区防救灾总体营造实施计划"

8. "都市计划定期通盘检讨实施办法"

9. "莫拉克台风灾后重建特别条例及相关子法"

10. "地方制度法"

11. "社会救助法"

12. "民防法"

13. "'原住民族委员会'灾害防救紧急应变小组作业要点"

14. 新竹市东区东门"国小"2011学年度第二学期课程计划

15. "土石流灾害防救业务计划"

16. "后备军人组织民防团队社区防救团体及民间灾害防救志愿组织编组训练协助救灾事项实施办法"

17. "都市计划防灾规划作业手册"

18. "执行灾情查报通报措施"

19. "天然灾害停止办公及上课作业办法"

20. "南投县村里守望相助队申请经费补助处理要点"

研究报告：

1. Natural Disaster Hot Spots——A Global Risk Analysis by the World Bank,

http://www.mightystudents.com/essay/Natural.Disaster.Hot.39711.

2. UNISDR，Living with Risk：A Global Review of Disaster Reduction Initiatives，http://www.unisdr.org/we/inform/publications/657.

3. ADPC（2010），Urban Governance and Community Resilience Guides：Our Hazardous Environment. Bangkok：the Asian Disaster Preparedness Center.

4. 萧江碧：《都市老旧社区防灾规划原则及改善方案示范计划之研究——以台中市新兴、乐英及东势社区为例》，台北："内政部建筑研究所"研究报告，2009年。

5. 纪云曜：《高雄市都市危机处理行动作业规范之研究》，高雄：高雄市政府研究发展考核委员会，1999年。

6. 陈建忠等：《大里市都市防灾空间系统规划》，台北："内政部建筑研究所"研究计划成果报告，2002年。

7. 陈建忠等：《斗六市都市防灾避难空间系统规划之研究》，台北："内政部建筑研究所"研究计划成果报告，2002年。

研讨会及论文集论文：

1. 熊光华等：《台湾灾害防救体系之变革分析》，载赵永茂、谢庆奎等主编《公共行政、灾害防救与危机管理》，北京：社会科学文献出版社，2011年版。

2. 张中勇：《灾害防救与台湾"国土"安全管理机制之策进》，载张中勇、张世杰主编《灾难治理与地方永续发展》，台北：韦伯文化国际出版有限公司，2010年版。

3. 郑世南、叶永田：《地震灾害对台湾社会文化的冲击》，载林美容等主编《灾难与重建——九二一震灾与社会文化重建论文集》，台北："中央研究院"台湾史研究所筹备处，2004年版。

4. 张四明、王瑞夆：《台湾红十字会发展灾变服务整合平台经验分析》，载赵永茂、谢庆奎等主编《公共行政、灾害防救与危机管理》，北京：社会科学文献出版社，2011年版。

5. 张世杰：《灾难学习与咎责政治》，载张中勇、张世杰主编《灾难治理与地方永续发展》，台北：韦伯文化国际出版有限公司，2010年版。

6. 李宗勋:《从社会经济脆弱因子探讨建立社会或公民参与危机管理的机制》,载赵永茂、谢庆奎等主编《公共行政、灾害防救与危机管理》,北京:社会科学文献出版社,2011 年版。

7. 李长晏:《从多层次治理解构"八八"水灾之政府失能现象》,载张中勇、张世杰主编《灾难治理与地方永续发展》,台北:韦伯文化国际出版有限公司,2010 年版。

8. 吴明儒、陈竹上:《台湾社区发展组织政策变迁途径之探讨》,载李天赏主编《台湾的社区与组织》,台北:扬智文化事业股份有限公司,2005 年版。

9. 林美容、陈淑娟:《九二一震灾后台湾各宗教的救援活动与因应发展》,载林美容等主编《灾难与重建——九二一震灾与社会文化重建论文集》,台北:"中央研究院"台湾史研究所筹备处,2004 年版。

10. 释见晔:《以香光尼僧团伽耶山基金会为例看九二一震灾佛教之救援》,载林美容等主编《灾难与重建——九二一震灾与社会文化重建论文集》,台北:"中央研究院"台湾史研究所筹备处,2004 年版

11. 熊光华等:《电子伤票应用于大量伤患事件现场之研究》,载张中勇、张世杰主编《灾难治理与地方永续发展》,台北:韦伯文化国际出版有限公司,2010 年版。

12. 游祥洲:《论佛教对于天灾的诠释与九二一心灵重建》,载林美容等主编《灾难与重建——九二一震灾与社会文化重建论文集》,台北:"中央研究院"台湾史研究所筹备处,2004 年版。

13. 江大树:《台湾乡村型社区的发展困境与政策创新》,载李天赏主编《台湾的社区与组织》,台北:扬智文化事业股份有限公司,2005 年版。

14. 洪绫君:《灾害管理 2.0——社会媒体在灾害管理上的应用与现况》,载赵永茂、谢庆奎等主编《公共行政、灾害防救与危机管理》,北京:社会科学文献出版社,2011 年版。

期刊论文:

1. 李程伟:《社区安全治理机制的建设——台北市内湖社区安全促(协)进组织案例研究》,北京:北京航空航天大学学报,2011 年第 3 期。

2. 杨孝溁:《社区营造条例、社区法与社区发展实质运作》,台北:社区发展

季刊第 107 期，2004 年 9 月。

3. 陈统奎：《台湾桃米社区的重建启示》，广州：南风窗，2010 年第 1 期。

4. 陈统奎：《再看挑米：台湾社区营造的草根实践》，广州：南风窗，2011 年第 17 期。

后　记

当长久的思考与探索渐渐成形，并最终化为一部著作时，那种自我实现的成就感、荣誉感及感激之情，同时充溢于我的内心。

首先感谢中国政法大学危机管理研究中心为我提供了这次研究机会；感谢中国社会出版社给予本研究成果公开发表的机会；同时感谢责任编辑王秀梅、杨春岩老师认真负责的审阅，使本书避免了诸多不必要的错误。

还要感谢为本书写作提供了大量台湾资料的友人，正是这些宝贵的资料，使本书内容得以丰富而充实。感谢我所任教的中国海洋大学社会科学部的领导和同事们，给予我的研究以时间上的保证和精神上的支持。

此外，书中对大陆社区灾害应急管理困境的分析，是以拙文《社区全灾害管理：概念界定与机制解析》为基础的。该文完成后，幸蒙《中国海洋大学学报》(社会科学版) 鞠德峰老师及审阅专家们的认可，并不吝赐教，提出宝贵的修改意见，使我对社区灾害应急管理相关问题的初步研究成果得以公开刊发，在此也致以诚挚的谢意！当然文中纰漏及谬误之处，由我自己负责。

本书的写作，不仅是我近年来学术研究的成果展现，更拓宽了我的研究视域，提高了我的治学能力。当初本着要为在家乡的土地上辛苦劳作的亲人们寻个好一点儿的出路的单纯想法，我开始关注我国的"三农"问题。然而，在把个人关注的兴趣点转向真正的学术研究后，我才发现，以我个人的学术素养，尚无法全面而准确地把握如此错综复杂地交织了历史和现实的诸多问题的宏大课题。于是，我把目光投向了人们生活于其间的社区——一块蕴意丰富、视角多样的研究领域。

对我们而言，社区是如此的熟悉而亲切，须臾不能离开之，但又容易忽视之。目前，我国大陆地区的农村，正掀起一股社区建设的热潮。农民们突然发现，祖祖辈辈以及自己"生于斯、长于斯"，并可能会"终老是乡"的小村庄，很快就要消失了。在我的家乡，山东省临沂地区某几个村子交界的地方，社区居民楼正在兴建中。村里人无不疑虑重重：以后都去住楼了，咱这个村真的就没了吗？家家都没有院子了，这么多的家什往哪里放？那楼离我家的地太远了，赶去干活可不方便。楼的质量怎么样？有咱自己盖的房子结实吗？四五个村的人住在一起，都不熟悉，习惯也不一样，怎么相处？怎么管理？

从传统村落到新式社区，是我在己身所处的这个时代能够亲眼见证的家乡的社会变迁。对习惯了传统生产方式和生活方式的农民来说，这不仅是物质世界的改变，更是精神上的巨大冲击，以及与集中居住相伴生的风险增多。我的家乡人可能得花很长的时间，才能完成心理的调适，以真正地理解生活于现代意义上的社区中与传统村庄里的不同。至于社区命运共同体的意识以及对社区的情感认同，可能需要更长的时间。

我期盼着我的家乡人能由此拥有丰沛而优质的公共产品，过上体面而富足的物质与精神生活。我国的城乡差距逐步缩小，广袤的田野成为人们寻求安宁与悠闲、回归自然与生活的好去处。所以，在走向这样一种理想状态的发展过程中，社区治理与抵御风险的能力建设，是我最为关心的问题，也是我所主持的教育部人文社会科学研究项目青年基金课题——马克思主义的视角下我国转型期农村社会矛盾问题研究（12YJC710032）中的一个重要组成部分。

因缘际会，我得到了中国政法大学危机管理中心提供的这次研究机会。与大陆同文同宗的宝岛台湾，以其社区总体营造的理念，在社区灾害应急管理方面取得了一系列进展，并在社区民众共同抵御灾害威胁的过程中，增强了对社区的归属感与认同感，促进了社区的自我管理与更好的发展。这给了我很大的触动和启发。一番深入研究下来，更是令我受益匪浅，也更坚定了我对农村问题、社区治理与发展的研究旨趣与学术使命感。

唯因客观条件所限，除了书中所用与社区发展及灾害管理相关的零散文献资料外，难以搜集到台湾岛内关于本地社区灾害应急管理的全部研究成果。结合以大陆范围内所能搜集到的为数不多的资料为参考，很难说本书的研究达到了对台湾社区灾害应急管理的完满阐析。这可以说是本书研究中的一大不足。但从另一角度看，这也恰巧是本书的创新之处。作为大陆第一本专门研究台湾社区灾害应急管理的著作，本书的出版或能填补一项学术研究和实务应用的空白。

而我于写作期间又不断看到有关台湾地区遭受台风暴雨侵袭的报道，这使我既感到本书写作的紧迫性和必要性，同时又需时时补充新的灾情与治理动态，以增强本书研究的前沿性与针对性。

文献资料繁多而分散，经验事实层出而不穷。对于书中纰漏与不足，我只有通过今后持续地关注，继续致力于社区治理与发展问题的研究，以资完善。不当之处，敬请同行专家批评指正。

谨以此书献给我挚爱的家人以及生活于社区里的人们和千千万万个家庭：一生平安！

是为后记。

李晓伟

图书在版编目（CIP）数据

台湾社区灾害应急管理 / 李晓伟著．——北京：
中国社会出版社，2013.1
（中外社区灾害应急管理丛书）

ISBN 978 - 7 - 5087 - 4272 - 4

Ⅰ．①台…　Ⅱ．①李…　Ⅲ．①社区—灾害管理—台湾省
Ⅳ．① X4

中国版本图书馆 CIP 数据核字（2013）第 004017 号

丛 书 名：中外社区灾害应急管理丛书
书　　名：台湾社区灾害应急管理
著　　者：李晓伟
策划编辑：王秀梅　杨春岩
责任编辑：杨春岩
助理编辑：朱文静

出版发行：中国社会出版社　　　　邮政编码：100032
通联方法：北京市西城区二龙路甲 33 号
　　　　　编辑部：（010）66061704
　　　　　邮购部：（010）66081078
　　　　　销售部：（010）66080300　（010）66085300
　　　　　传　真：（010）66051713　（010）66083600
　　　　　　　　　（010）66080880　（010）66080880
网　　址：www. shcbs. com. cn
经　　销：各地新华书店

印刷装订：中国电影出版社印刷厂
开　　本：170mm×240mm　　1/16
印　　张：12.5
字　　数：192 千字
版　　次：2014 年 7 月第 1 版
印　　次：2014 年 7 月第 1 次印刷
定　　价：18.00 元